MICHAIL A. SHDANOW

# Methoden der Berechnung von Lagerstättenvorräten an Erdöl und Erdgas

# Schriftenreihe des praktischen Geologen

Herausgegeben

im Auftrage der Staatlichen Geologischen Kommission
und der
Zentralen Vorratskommission für mineralische Rohstoffe
der Deutschen Demokratischen Republik

von

Prof. Dr. E. KAUTZSCH
Dr. F. STAMMBERGER
Dr. G. TISCHENDORF

Band 5

AKADEMIE-VERLAG · BERLIN
1963

MICHAIL A. SHDANOW

# Methoden der Berechnung von Lagerstättenvorräten an Erdöl und Erdgas

Redaktion der deutschen Übersetzung und Vorwort

von

FRIEDRICH STAMMBERGER

Mit 18 Abbildungen im Text und 29 Tabellen

AKADEMIE-VERLAG · BERLIN

1963

Titel des russischen Manuskriptes:
Методы подсчета запасов нефти и газа
Ins Deutsche übersetzt von Hermine Quandt, Schwerin

Dem Redakteur, Herrn Dr. Stammberger, spreche ich meinen tiefempfundenen Dank und meine Hochachtung für die große Arbeit und die wertvollen Ratschläge bei der Redaktion meines Manuskriptes aus.

2. Februar 1962 Prof. M. A. Shdanow

Erschienen im Akademie-Verlag GmbH, Berlin W 8, Leipziger Straße 3–4

Lizenznummer: 202 · 100/565/63
Gesamtherstellung: IV/2/14 · VEB Werkdruck Gräfenhainichen · 1963
Bestellnummer: 2082/5 · ES 20 F 3 · Preis: DM 22,–

# Vorwort

Die Lagerstättenkunde im traditionellen, klassischen Sinne umfaßt neben der allgemeinen Theorie der Entstehung der Lagerstätten, der Gesetzmäßigkeiten ihrer Verbreitung und der Klassifikation der Lagerstättentypen (meist auf genetischer Grundlage) auch die Beschreibung einzelner Lagerstätten (ausgewählt nach ihrer wirtschaftlich-industriellen Bedeutung und geologisch-mineralogischen Besonderheiten) sowie die Methoden der Lagerstättenuntersuchung.

Seit längerer Zeit ist eine bemerkenswerte Entwicklung zu beobachten: Es werden in fast allen Ländern erhebliche Anstrengungen unternommen, um die reiche und vielseitige Erfahrung beim Aufsuchen und Erkunden von Lagerstätten, ihrer Untersuchung und Bewertung zu systematisieren, allgemeingültige Schlußfolgerungen zu ziehen und die betreffenden Verfahren selbst zu vervollkommnen. Dieser Zweig unseres Wissens, der auf die Ergebnisse der Lagerstättenkunde im engeren (genetischen) Sinne aufbaut und stark durch ökonomische Gesichtspunkte beeinflußt wird, nimmt dadurch immer mehr Züge einer selbständigen wissenschaftlichen Disziplin an, der „Lehre über das Aufsuchen und die Erkundung von Lagerstätten".

Am weitesten ist diese Entwicklung in der UdSSR fortgeschritten; hier wurde die Suche, Erkundung und Bewertung von Lagerstätten tatsächlich zu einer selbständigen Wissenschaft. Es wäre verfehlt, wollte man dieses Ergebnis nur auf besondere fachliche Neigungen oder Eigenarten der sowjetischen Lagerstättenforscher zurückführen. Die Ursache für die in der Sowjetunion seit etwa 35–40 Jahren vollzogene Entwicklung liegt tiefer. Die plangeleitete Volkswirtschaft der UdSSR konnte ihre vorgesehene Entwicklung nur bei unbedingter Sicherung einer ausreichenden Rohstoffversorgung vollziehen. Eine rasche Erweiterung der bei Entstehung der Sowjetmacht vorgefundenen Rohstoffbasis war jedoch nur möglich, wenn die geologische Erkundung aus der Kunst einzelner zum Können vieler wurde, wenn sie als Wissenschaft gelehrt und damit für alle Fähigen zugänglich war.

Schon Anfang der 20er Jahre wurde in die Lehrpläne der geologischen Fakultäten an den sowjetischen Technischen Hochschulen ein Spezialkursus über geologische Erkundung aufgenommen, wenig später spezialisierte Erkundungsinstitute geschaffen, die seitdem viele Tausende Erkundungsgeologen ausgebildet haben.

In der DDR stehen wir – wie in den meisten anderen Ländern – gegenwärtig noch am Anfang dieser Entwicklung. Doch sie ist auch bei uns unaufhaltsam, weil das Leben selbst, unsere Planwirtschaft, die Bedürfnisse unserer praktischen Arbeit sie notwendig machen.

* * *

Seit einigen Jahren wird das Gebiet der DDR systematisch auf Erdöl und Erdgas untersucht. Die ersten beachtlichen Erfolge von wirtschaftlicher Bedeutung liegen vor. Für die weitere Entfaltung der geologischen Erkundung und die Beurteilung der Entwicklungsperspektiven unserer Erdöl-Erdgas-Industrie ist sowohl die exakte Berechnung der bereits erkundeten Vorräte als auch die wissenschaftlich begründete Prognose erwarteter zukünftiger Erkundungsergebnisse notwendig. Vor den Erdölgeologen der DDR steht somit die Lösung schwieriger Aufgaben, für die sie Anleitung und Rat in den vorliegenden deutschen Fachzeitschriften nur unzureichend finden. Das vorliegende Buch soll diese Lücke schließen. Michail Aleksejewitsch Shdanow, Professor am Erdöl-Institut in Moskau, ist wie wenige andere berufen, das komplizierte Problem der Berechnung von Erdöl-Erdgas-Lagerstättenvorräten darzulegen. Seine reiche praktische Erfahrung, die er auf den Ölfeldern Bakus und anderer Bezirke der UdSSR gesammelt hat, seine intensive publizistische Arbeit auf diesem Gebiet, seine langjährige Hochschultätigkeit und seine gründliche Kenntnis der internationalen – insbesondere amerikanischen – Fachliteratur, das alles bewog die Redaktion der „Schriftenreihe des praktischen Geologen", ihm vorzuschlagen, ein möglichst leicht verständliches Buch über die Vorratsberechnung von Erdöl-Erdgas zu schreiben und unter Berücksichtigung der Verhältnisse in der DDR die Methodik der geologischen Prognose (für Erdöl und Erdgas) eingehender als sonst üblich abzuhandeln.

Es sollte kein erschöpfender Überblick über alle bekannten Berechnungsverfahren und ihre Varianten, sondern ein instruktiver Leitfaden zur Durchführung von Berechnungen sein.

Auf weniger wichtige Details oder eine enzyklopädistische Behandlung des Themas sollte verzichtet, die gebräuchlichsten und zuverlässigsten Methoden dafür an übersichtlichen Rechenbeispielen erläutert werden.

Der mathematische Apparat für die Erdöl-Erdgas-Vorratsberechnung – der erfahrungsgemäß unsere Geologen wie ein Albtraum abschreckt – sollte auf ein begründetes Maß beschränkt werden, d. h. in Übereinstimmung mit der Genauigkeit stehen, die bei der Ermittlung der einzelnen Parameter praktisch zu erreichen ist.

Zur Erdöl-Erdgas-Prognose sollten die wichtigsten Kriterien für eine Erdöl-Erdgas-Führung dargelegt und der Leser eindringlich darauf hingewiesen werden, daß die Berechnung prognostischer Vorräte keine Rechen-, sondern eine schwierige geologische Aufgabe ist, die größte Qualifikation des Bearbeiters erfordert.

Der Verfasser hat diesen schwierigen Auftrag – wie sich der Leser überzeugen kann – mit großem Geschick erfüllt.

Er weist nach, daß bei allen in der Praxis anzutreffenden Situationen die Lagerstättenvorräte schon mit Hilfe weniger Verfahren (drei für Erdöl, zwei für Erdgas) einwandfrei berechnet werden können, wenn die benötigten Angaben aus der Erkundung bzw. aus der Gewinnungstätigkeit vorliegen. Fehlen diese Daten oder sind sie ungenau, kann auch ein komplizierter Rechengang keine verläßlichen Ergebnisse liefern.

Die DDR ist seit Jahren ein Vermittler geologischer Erkenntnisse von Ost und West. Es lag nahe, eingedenk dieser Rolle und des Umstandes, daß bisher der deutsche Erdölgeologe entweder auf amerikanische oder sowjetische Fachliteratur zurückgreifen mußte, Fachausdrücke und Symbole aus diesen Ländern zu übernehmen. Diese Absicht stieß auf gewisse Schwierigkeiten, weil weder international noch in den einzelnen Ländern selbst einheitliche Bezeichnungen (Symbole) vereinbart sind.

Die Mächtigkeit wird z. B. in der UdSSR durch $m$ oder $h$ ausgedrückt, in den USA – durch $h$ oder $T$; die Porosität durch das Symbol $\varphi$ (in den USA und der UdSSR), daneben jedoch noch durch $m$ (in der sowjetischen Erdölindustrie) und $p$ (in den USA). Für die Fläche sind $F$ oder $S$ in der UdSSR eingeführt und $F$ oder $A$ in den USA gebräuchlich. Die gleiche Erscheinung läßt sich für die Bezeichnung fast aller Koeffizienten feststellen.

Es wäre zu wünschen, daß möglichst bald in dieser Hinsicht eine internationale Übereinkunft getroffen wird. Sie würde wesentlich das gegenseitige Verstehen fördern. Der Leser wird den erwähnten Umstand bei möglichen Abweichungen der im Text gewählten Symbole von den ihm vertrauten berücksichtigen.

* * *

Das vorliegende Buch ist aus der Praxis der sowjetischen Erdöl- und Erdgas-Erkundung hervorgegangen, die seit Jahren einen bedeutenden Umfang und ein beachtliches wissenschaftliches Niveau erreicht hat. Dieser Umstand gibt den Ausführungen des Verfassers Gewicht und erhöht deren Bedeutung, zugleich prägt er die Form der Darlegung und die Beweisführung.

Es konnte nicht Aufgabe des Übersetzers und Redakteurs sein, diese Eigenarten des Stils und der Form zu beseitigen, denn der literarische Stil ist nicht nur ein Ausdruck des Charakters, wie die Franzosen sagen, er ist viel stärker noch ein Ausdruck des Arbeitsstils eines Menschen.

Wenn der Verfasser – ausgehend von der sowjetischen Praxis – in Einzelfällen Kenntnisse voraussetzte, die für unsere Verhältnisse nicht selbstverständlich sind, oder sich auf sowjetische, von den unsrigen abweichende Bestimmungen bezog, wurden vom Redakteur entsprechende Erläuterungen meist als besonders kenntlich gemachte (D. R.) Anmerkungen gegeben. Wenn es sich um fachliche Fragen handelte, stützte er sich dabei auf Veröffentlichungen des Verfassers.

Mit Einverständnis M. A. Shdanows wurde im ersten Abschnitt des Buches die im Manuskript enthaltene sowjetische Vorratsklassifikation durch die DDR-Vorratsklassifikation für Erdöl- und Erdgas ersetzt. Die erste DDR-Instruktion für Erdöl-Erdgas lag bei Ablieferung des Manuskriptes an die Druckerei jedoch noch nicht vor und konnte daher nicht berücksichtigt werden.

Die Herausgeber sind für kritische Hinweise und Vorschläge dankbar, die bei einer zukünftigen Neuauflage des Buches berücksichtigt werden könnten.

F. Stammberger

# Inhaltsverzeichnis

# 1 Einleitung

Die Vorratsberechnung für Erdöl und Erdgas setzt die allseitige geologische Untersuchung der Lagerstätte voraus, zu der die Erdöl- oder Erdgaslager gehören; die Besonderheiten ihrer Lagerungsverhältnisse müssen bekannt sein. Die Vorratsberechnung selbst vereinfacht sich bedeutend und kann richtig nur dann durchgeführt werden, wenn die Erdöl- oder Erdgaslager eingehend und allseitig untersucht wurden.

Die planmäßige Verteilung der Investitionen in der Erdölindustrie und die Höhe der Mittel für jeden einzelnen Bezirk werden durch die jeweiligen Entwicklungsperspektiven bestimmt. Grundlage hierfür sind die Angaben über die Vorräte. Daher ist es einfach unerläßlich, daß in den verschiedenen Bezirken die Vorräte unter dem Gesichtspunkt ihrer mehr oder weniger großen Zuverlässigkeit eingeschätzt werden und ihre eingehende Erkundung zwecks Überführung in eine höhere Vorratsklasse verlangt wird. Bei der Vorratsberechnung von Erdöl und Erdgas müssen somit alle geologischen Unterlagen kritisch überprüft, alle Angaben der geologischen Erkundung eingeschätzt und deren zukünftige Ausrichtung entsprechend den erhaltenen Berechnungsergebnissen festgelegt werden. Darin besteht die große Bedeutung der Einschätzung der Ressourcen an Erdöl und Erdgas. Die Einschätzung selbst erfordert mühselige und zeitraubende Arbeit des Geologen beim eingehenden und allseitigen geologischen Studium der Erdöl- und Erdgaslagerstätte.

Die als Aufgabe gestellte Entwicklung der Erdöl- und Erdgasindustrie macht eine noch sorgfältigere Sammlung aller Tatsachen und Unterlagen, ein noch eingehenderes Studium der wichtigsten Eigenschaften der Schichten im Feld und im Laboratorium ebenso notwendig wie der Gase und Flüssigkeiten, die diese Schichten enthalten, und vor allem ihre methodisch richtige Auswertung bei der Einschätzung der Vorräte.

Bei der Berechnung der Vorräte werden zweckmäßigerweise mehrere Methoden angewandt, da nur durch eine komplexe, vergleichende Vorratsberechnung nach verschiedenen Verfahren Kriterien erhalten werden, die zur Ermittlung der zuverlässigsten Vorratsziffer führen.

Die Berechnung von Erdöl- und Erdgasvorräten in Lagerstätten muß sich auf eine Klassifikation der Lagerstättenvorräte für Erdöl und Erdgas stützen, die von den zuständigen Stellen bestätigt sein muß. In der Deutschen Demokratischen Republik ist mit dem 3. Mai 1961 für alle Betriebe und Institutionen die erste DDR-Klassifikation der Lagerstättenvorräte an Erdöl und Erdgas verbindlich:

## 2.1 Klassifikation der Lagerstättenvorräte an Erdöl und Erdgas der DDR

1. Klassifikationsgrundsätze

1.1 Die in Erdöl- und Erdgaslagerstätten vorhandenen Vorräte an Erdöl und Erdgas werden nach ihrer Eignung (zum Zeitpunkt ihrer Berechnung) für eine volkswirtschaftliche Nutzung in Vorratsgruppen eingeteilt. Nach dem Erforschungsgrad der Vorräte und der Lagerstätte werden die Vorratsgruppen in Vorratsklassen unterteilt.

1.2 Es werden die Vorratsgruppen Bilanzvorräte und Außerbilanzvorräte (Bilanz- und Außerbilanzvorräte = Reserven) unterschieden. Sie bilden mit den prognostischen Vorräten die volkswirtschaftlichen Gesamtvorräte (Ressourcen).

1.3 Die Bilanzvorräte und die Außerbilanzvorräte werden in je vier Klassen unterteilt. Die Klassen der Bilanzvorräte erhalten die Bezeichnungen A, B, $C_1$ und $C_2$; die Klassen der Außerbilanzvorräte die Bezeichnungen a, b, $c_1$ und $c_2$. Die prognostischen Vorräte werden in die Untergruppen $\delta_1$ und $\delta_2$ unterteilt.

1.4 Der Erforschungsgrad einer Erdöl- oder Erdgaslagerstätte und ihrer Vorräte wird charakterisiert:

1.41 durch die Art der durchgeführten Erkundungsarbeiten (geologische Kartierungen, geophysikalische Messungen, Bohrungen u. a.) und deren Umfang;

1.42 durch die Auswertung der unter 1.41 erhaltenen Unterlagen. Hierzu gehören u. a. die Klärung des geologischen Baus der Lagerstätte, die allseitige Untersuchung der stofflichen Zusammensetzung des Rohstoffes und seiner physikalischen und physiko-chemischen Eigenschaften, die Feststellung der vorhandenen Rohstoffarten und ihre Verbreitung in der Lagerstätte;

1.43 durch die einwandfreie Charakteristik jener Faktoren, welche die Technologie der Förderung (Gewinnung) und Verarbeitung des Erdöls und Erdgases bestimmen.

1.5 Die Eigenschaften des Rohstoffes sind durch chemische, physikalische und physiko-chemische Untersuchungen von Proben und technologischen Ergebnissen der nachfolgenden Produktion zu bestimmen.

1.6 Die Konditionen für die Berechnung der Erdöl- und Erdgasvorräte werden von dem zuständigen Organ der Staatlichen Plankommission auf Grund technisch-ökonomischer Untersuchungen festgelegt.

1.7 Es sind alle in der Lagerstätte vorhandenen Vorräte an Erdöl und/oder Erdgas zu berechnen.

Dabei sind alle in ihnen enthaltenen wertvollen Begleitkomponenten (Helium u. a.) sowie Kondensat zu berechnen und zu erfassen. Bei den Bilanzvorräten ist der erwartete Gewinnungskoeffizient anzugeben, der vom Erkundungsbetrieb vorgeschlagen und von der Staatlichen Plankommission bestätigt wird. Neben den Gesamtbilanzvorräten ist die Summe der ausbringbaren Vorräte anzugeben.

1.8 Erdölvorräte sind in 1000 Tonnen (kt), Erdgasvorräte in Millionen Kubikmetern (M $m^3$), reduziert auf Standardbedingungen, zu berechnen.

1.9 Die „Klassifikation der Lagerstättenvorräte an Erdöl und Erdgas" wird auf die einzelnen Erdöl- und Erdgaslagerstättentypen nach der entsprechenden Instruktion der ZVK angewandt.

## 2. Vorratsgruppen

2.1 Bilanzvorräte sind solche Lagerstättenvorräte an Erdöl und Erdgas, die durch Untersuchungsarbeiten nachgewiesen wurden und die den derzeitigen industriellen Anforderungen (Konditionen) für Förderung und Verarbeitung entsprechen.

2.2 Außerbilanzvorräte sind solche Lagerstättenvorräte an Erdöl und Erdgas, die durch Untersuchungsarbeiten nachgewiesen wurden und die den derzeitigen industriellen Anforderungen (Konditionen) für

Förderung und Verarbeitung nicht entsprechen, jedoch als Objekt einer zukünftigen industriellen Nutzung betrachtet werden können.

Hierzu gehören:

a) Vorräte beschränkten Umfanges,

b) Vorräte schlechter Qualität des Erdöls und/oder Erdgases,

c) Vorräte, die durch Sonden mit geringer Förderung aus Schichten gewonnen werden können,

d) Vorräte, die nur unter besonders komplizierten Förderungsbedingungen gewonnen werden können.

2.3 Prognostische Vorräte sind solche Lagerstättenvorräte, die durch Untersuchungsarbeiten noch nicht nachgewiesen wurden, jedoch auf Grund geologisch-geophysikalisch begründeter Annahmen in neuen höffigen Gebieten, Strukturen oder Stockwerken zu erwarten sind, wobei unterstellt wird, daß sie den derzeitigen industriellen Anforderungen (Konditionen) für Bilanzvorräte entsprechen.

## 3. Vorratsklassen

3.1 Erdöl- und Erdgasvorräte in Lagerstätten und einzelnen Lagern gehören zur

3.11 Klasse A (und a), wenn sie auf solchen Flächen eingehend erkundet wurden, die durch Bohrungen mit industriellen Zuflüssen von Erdöl und/oder Erdgas umgrenzt werden. Außerdem müssen Angaben von Großproduktionsversuchen vorliegen. Die Lagerungsverhältnisse, der Charakter der Veränderungen der Speichereigenschaften der produktiven Horizonte, die Erdöl- und Gassättigung der produktiven Schichten, die qualitative und quantitative Zusammensetzung des Erdöls und Erdgases und andere Berechnungsparameter – z. B. die Lage des Öl-Wasser-Spiegels – sowie die wichtigsten Merkmale, die die Förderungsbedingungen bestimmen (Schichtregime, Produktivität der Sonden, Druck, Durchlässigkeit der Speichergesteine), müssen auf Grund der Erkundungs- und Untersuchungsarbeiten erforscht sein.

Vorräte in klüftigen Speichern (Kluftlagerstätten) können – selbst wenn alle Bedingungen der Klasse A erfüllt wurden – infolge der Kompliziertheit solcher Speicher nur in die Klasse B eingestuft werden;

3.12 Klasse B (und b), wenn sie für eine Fläche berechnet wurden, deren industrielle Erdöl- und Erdgas-Führung durch Bohrungen mit günstigen Meßergebnissen nachgewiesen wurde und auf der durch mindestens zwei Bohrungen, die das Lager auf verschiedenen Isohypsen erschlossen haben, ein industrieller Zufluß von Erdöl und/oder Erdgas erhalten wurde. Die Lagerungsverhältnisse, der Charakter der Veränderung der Speichereigenschaften, die Erdöl- und Gassättigung der produktiven Schichten und andere Berechnungsparameter sowie die wichtigsten Merkmale, die die Bedingungen für die Exploitation der Lagerstätte charakterisieren, sind im wesentlichen erforscht. Die chemische Zusammensetzung des Erdöls und Erdgases ist bestimmt worden.

Bei Lagerstätten, die an ungestörte oder schwach gestörte Strukturen und lithologisch homogene Schichten einfachen Aufbaus gebunden sind, gehören unter den obengenannten Verhältnissen solche Vorräte zur Klasse B, die innerhalb der Isohypse liegen, die durch den tiefsten Punkt der Schicht führt, in dem durch eine Bohrung ein industrieller Erdöl- oder Erdgaszufluß nachgewiesen wurde.

Bei Lagerstätten mit kompliziertem geologischen Bau und schroffen lithologischen Veränderungen des Speichergesteins gehören zur Klasse B Vorräte, die auf einer Fläche berechnet werden, die durch Bohrungen mit positiven Ergebnissen und mit günstigen Bohrlochmeßergebnissen umgrenzt wird;

3.13 Klasse $C_1$ (und $c_1$), wenn sie für eine Fläche berechnet werden, für die wenigstens eine Bohrung einen industriellen Zufluß an Erdöl und/oder Erdgas erbracht hat. Zu dieser Klasse gehören auch Vorräte einzelner Blöcke und Felder, die an Flächen mit Vorräten höherer Klassen angrenzen, wenn von mindestens drei Bohrungen günstige Bohrlochmeßergebnisse vorliegen. Die Speichereigenschaften der produktiven Schichten und die Berechnungsparameter können aus den benachbarten Flächen übernommen werden.

Außerdem gehören hierzu Vorräte auf Flächen, die wie B erkundet wurden, innerhalb derer jedoch schroffe lithologische Veränderungen oder Auskeilen des produktiven Horizontes festgestellt wurden und in denen die Produktivität durch die niedergebrachten Bohrungen nur unzureichend bestätigt wurde;

3.14 Klasse $C_2$ (und $c_2$), wenn sie auf Grund von Analogieschlüssen für noch ungenügend erkundete Flächen berechnet wurden, die an

Vorräte höherer Klassen angrenzen; außerdem gehören hierzu Vorräte in noch nicht abgebohrten Strukturteilen, wenn in den benachbarten Strukturteilen eine Erdöl- und/oder Erdgas-Führung nachgewiesen ist und auf den nicht abgebohrten Flächen die geologische Voraussetzung für eine Erdöl- oder Erdgas-Führung gegeben ist.

3.15 Untergruppe $\delta_1$, wenn sie für nichterkundete Flächen von Großstrukturen, Becken, Gebieten, Formationen usw. berechnet wurden und das Aushalten von – in anderen Gebieten – erdöl-erdgasführenden Schichten bewiesen sowie der Rohstoff (Erdöl oder Erdgas) mindestens in einem Punkt nachgewiesen wurde;

3.16 Untergruppe $\delta_2$, wenn sie für nichterkundete Flächen von Großstrukturen, Becken, Gebieten, Formationen usw. berechnet wurden und das Aushalten von – in anderen Gebieten – erdöl-erdgasführenden Schichten vermutet wird, der Rohstoff jedoch noch nicht nachgewiesen wurde.

3.2 Die Einordnung der Erdöl- und Erdgasvorräte in eine der vorgenannten Klassen ist von der Erfüllung aller für sie gestellten Bedingungen abhängig. Bei Nichterfüllung einer einzigen müssen die Vorräte in die entsprechende niedrigere Klasse eingestuft werden.

3.3 Die Bilanzvorräte an Kondensat, Helium und anderen Begleitkomponenten, darunter auch die ausbringbaren und die Außerbilanzvorräte, gehören zu den gleichen Klassen, zu denen die Gasvorräte gehören, die diese Begleitkomponenten enthalten.

## 4. Volkswirtschaftliche Bedeutung der Erdöl- und Erdgasvorräte

### 4.1 Bilanzvorräte

4.11 Die Bedeutung der Bilanzvorräte für die Planung der Förderung, die Projektierung und Investitionen für fördertechnische und industrielle Bauten wird nach folgenden Gesichtspunkten festgelegt:

4.111 Bei der Ausarbeitung von Projekten für fördertechnische und industrielle Anlagen sind alle ausbringbaren Bilanzvorräte, d. h. der Klassen $A + B + C_1 + C_2$, zugrunde zu legen.

4.112 Die Bereitstellung von Mitteln für Investitionen erfolgt auf der Basis der ausbringbaren Bilanzvorräte in den Klassen $A + B + C_1$. Dabei müssen von der Summe dieser Vorräte mindestens 20% den Klassen $A + B$ angehören.

4.113 Die Planung der Förderung erfolgt auf der Grundlage jenes Teiles der Vorräte in den Klassen $A + B$, der durch fördernde Sonden bereits erfaßt ist bzw. durch geplante neue Produktionssonden erfaßt werden wird.

4.114 Die Vorräte der Klasse $C_2$ berechtigen, wenn keine Vorräte höherer Klassen vorliegen, nur zu geologischen und geophysikalischen Erkundungsarbeiten und zur Perspektivplanung des Industriezweiges.

4.115 Die Staatliche Plankommission kann in Einzelfällen die unter 4.111 bis 4.114 getroffenen Festlegungen nach Anhören der ZVK außer Kraft setzen und die Projektierung, Bereitstellung von Mitteln und Planung der Förderung durch Ausnahmegenehmigung auf anderer Vorratsgrundlage gestatten.

4.12 Die Übergabe von Lagerstätten oder einzelnen Teilfeldern für die industrielle Nutzung kann dann erfolgen, wenn das unter 4.112 genannte Vorratsverhältnis vorliegt. Eine Ausnahme bilden Lagerstätten mit kompliziertem Bau, bei denen nach eingehender Erkundung eine Ausweisung von Vorräten der Klassen A und B nicht möglich ist. Bei solchen Lagerstätten können die Vorräte der Klasse $C_1$ nur dann der industriellen Nutzung zugeführt werden, wenn eine Versuchsausbeutung (Probeförderung) erfolgte und wenn die Lagerstätteneigenschaften, die Qualität des Erdöls oder Erdgases, die Technologie der Gewinnung und Verarbeitung dieser Vorräte so untersucht wurden, wie das sinngemäß unter 4.112 gefordert wurde.

4.2 Außerbilanzvorräte berechtigen zu finanziellen Aufwendungen für Untersuchungs- und Forschungsarbeiten, die auf die Erarbeitung neuer oder die Verbesserung bestehender Verfahren der Gewinnung und Verarbeitung von Erdöl und Erdgas gerichtet sind.

4.3 Prognostische Vorräte dienen zur Einschätzung der volkswirtschaftlichen Perspektive und als Grundlage für geologische und geophysikalische Such- und Erkundungsarbeiten sowie die Bereitstellung der hierfür benötigten Mittel.

## 2.2 Die Anwendung der Klassifikation[1])

### 2.21 Allgemeine Bemerkungen

Alle erkundeten Erdöl- und Erdgasvorräte, die als Rohstoffbasis für produzierende oder in Rekonstruktion befindliche sowie projektierte Betriebe dienen oder dienen können, müssen berechnet und unbedingt

[1]) Nach der Instruktion über die Anwendung der Vorratsklassifikation auf Öl- und Gaslagerstätten; Staatl. Vorratskommission beim Ministerrat der UdSSR vom 6. VII. 1960.

überprüft und bestätigt werden. (In der UdSSR durch die Staatliche Vorratskommission beim Ministerrat der UdSSR, in der DDR durch die Zentrale Vorratskommission für mineralische Rohstoffe der Deutschen Demokratischen Republik. D. R.)

Die Einreichung, der Inhalt und die Gestaltung der Unterlagen für die Vorratsberechnungen von Erdöl und Erdgas, die der Vorratskommission zur Bestätigung vorgelegt werden, sind in entsprechenden Richtlinien und Instruktionen[1]) vorgeschrieben.

Die Bestimmung des Untersuchungsgrades einer Erdöl- und Erdgaslagerstätte und die Einstufung ihrer Vorräte in die eine oder andere Klasse erfolgt auf der Grundlage der in der Vorratsklassifikation dargelegten Forderungen.

Ob auf der Grundlage der erkundeten Erdöl- und Erdgasvorräte das Förderprojekt für eine Lagerstätte ausgearbeitet und Mittel für den Bau betrieblicher und industrieller Anlagen bereitgestellt werden können, hängt von der Erfüllung der Forderungen ab, die hinsichtlich des „Vorbereitungsgrades" der Vorräte in der Klassifikation gestellt werden.

Die industrielle Bedeutung und der wirtschaftliche Vorteil eines Abbaus der Lagerstätte (Lager) werden durch technisch-ökonomische Berechnungen ermittelt, bei denen von einer möglichst vollständigen Nutzung der Vorräte ausgegangen wird. Auf Grund dieser Berechnungen werden die Konditionen in der festgelegten Ordnung bestätigt.

### 2.22 Forderungen, durch deren Erfüllung der Untersuchungsgrad einer Lagerstätte für die Vorratsberechnung bestimmt wird

Die geologischen Erkundungsarbeiten müssen eine möglichst umfassende Beurteilung der allgemeinen Perspektiven der Lagerstätte hinsichtlich ihrer flächen- und teufenmäßigen Erstreckung ermöglichen.

Die Teufe von Such- und Erkundungsbohrungen muß daher als Regel den Aufschluß des vollständigen Profils der produktiven Ablagerungen sichern. Auf Tafelgebieten müssen einige Bohrungen bis zum kristallinen Fundament gebohrt werden, wenn die technischen Möglichkeiten das zulassen.

---

[1]) Die ZVK hat am 4. Mai 1961 eine Richtlinie über Form und Inhalt von Vorratsberechnungen für die DDR, bisher jedoch eine „Erdöl- und Erdgas"-Instruktion noch nicht herausgegeben. Die Darlegungen M. A. SHDANOWS, die von der sowjetischen Erdöl-Erdgas-Instruktion ausgehen, können deshalb leider nicht durch entsprechende Hinweise auf deutsche Vorschriften ergänzt werden. Kurze Hinweise auf die Bestimmungen der DDR-Klassifikation sollen den Leser lediglich darauf vorbereiten, daß die zukünftige deutsche Instruktion für die betreffenden Punkte etwas abweichende Festlegungen treffen wird. (D. R.)

Eine eingehende Erkundung wird nur auf jenen Lagerstätten durchgeführt, deren wirtschaftliche Bedeutung durch die Ergebnisse der Vorerkundung erwiesen wurde.

Als Ergebnis der eingehenden Erkundung müssen alle erforderlichen Ausgangsdaten erhalten worden sein, die zur Begründung des Förderprojektes für die Lagerstätte benötigt werden.

Der Abstand zwischen den zur Beurteilung von Erdöl- und Erdgasvorräten der Klassen A und B erforderlichen Erkundungsbohrungen wird durch eine Reihe von Faktoren bestimmt; die wichtigsten sind:
a) die Größe des Lagers;
b) der Grad des Aushaltens der erdöl- und erdgasführenden Schichten;
c) die Kompliziertheit des tektonischen Baus der Schichten.

Nach dem Grad des Aushaltens der Mächtigkeit und der Speichereigenschaften können erdöl- und erdgasführende Schichten eingeteilt werden in:

*aushaltende Schichten*, die durch relativ gleichbleibende Mächtigkeit und Speichereigenschaften auf der gesamten erkundeten Fläche gekennzeichnet werden;

*wechselhafte Schichten*, für die veränderliche Mächtigkeit und Speichereigenschaften auf der erkundeten Fläche kennzeichnend sind;

*äußerst wechselhafte Schichten*, die sich schon über kurze Entfernungen – vertikal und horizontal – durch schroffe Veränderungen der Speichereigenschaften auszeichnen.

Der dominierende Einfluß des einen oder anderen Faktors auf die Dichte des Erkundungsnetzes wird für jeden konkreten Fall unter Berücksichtigung der geologischen Besonderheiten der Lagerstätte ermittelt.

In Lagerstätten mit relativ einfachem, nicht oder wenig gestörtem Bau ist der Grad des Aushaltens der Mächtigkeit und der Speichereigenschaften der erdöl- und erdgasführenden Schichten der bestimmende Faktor.

Bei Lagerstätten mit erheblichen Störungen müssen die Anordnung der Erkundungsbohrungen und die Entfernungen zwischen diesen die Klärung des tektonischen Baus (Lage und Typ der Bruchstörungen, Sprunghöhen) sowie die Ermittlung der in den einzelnen tektonischen Blöcken eingeschlossenen Vorräte gewährleisten.

Für Erdöllager, die an ungestörte Strukturen gebunden sind, werden in der UdSSR die in Tabelle 1 angegebenen maximalen Bohrentfernungen bei der Erkundung von Vorräten in den Klassen A und B angewendet.

Tabelle 1

| Lager[1]) | Maximale Abstände zwischen den Bohrungen, in Meter | |
|---|---|---|
| | für die Kategorie A | für die Kategorie B |
| Große, mit aushaltenden erdölführenden Schichten | 2500 | 5000 |
| Große, mit wechselhaften erdölführenden Schichten, sowie mittelgroße mit aushaltenden Schichten | 1000 | 2000 |
| Mittelgroße, mit wechselhaften erdölführenden Schichten, sowie kleinere | 500 | 1000. |
| Mit äußerst wechselhaften erdölführenden Schichten | — | 500 |

Bei Gaslagerstätten sind diese Entfernungen gewöhnlich im Durchschnitt um das Anderthalbfache größer.

Für Lager auf tektonisch komplizierten Strukturen sind diese Abstände in steil einfallenden Zonen geringer. In Zonen mit Bruchstörungen werden zusätzliche Bohrungen niedergebracht, um den Charakter der Störung, die Lage der einzelnen tektonischen Blöcke und deren Ausmaße zu klären.

Die angegebenen Entfernungen sind nicht obligatorisch und dürfen die Initiative des Geologen bei der Wahl des rationellsten Erkundungsnetzes in keiner Weise hemmen.

Im Bohrprozeß müssen die erdöl-erdgasführenden Schichten lückenlos gekernt werden, das übrige Profil in einem Umfang, der das Studium der Lithologie und Stratigraphie ermöglicht.

In jeder Erkundungsbohrung muß ein Untersuchungskomplex solchen Umfanges durchgeführt werden, wie als Grundlage der Vorratsberechnung erforderlich ist, und zwar:

a) die eingehende Untersuchung des Kernes und der aus der Bohrlochwand entnommenen Proben sowie des Bohrschlammes zur Bestimmung der lithologisch-petrographischen Zusammensetzung der produktiven Schichten und ihrer Nebengesteine, ferner der offenen Porosität, der Permeabilität (parallel und senkrecht zur Schichtung),

[1]) Gemäß der sowjetischen Erdöl-Erdgas-Vorratsklassifikation gehören in der UdSSR zu den großen Lagerstätten (Lagern) solche mit mehr als 50 Millionen Tonnen Erdölvorräten bzw. 50 Milliarden $Nm^3$ Erdgas; zu den mittelgroßen — von 10 bis 50 Millionen Tonnen Erdöl bzw. 5 bis 30 Milliarden $Nm^3$ Gas, zu den kleinen — bis zu 10 Millionen Tonnen Erdöl- bzw. bis zu 5 Milliarden $Nm^3$ Gasvorräte. (D. R.)

der Erdöl-, Erdgas- und Wassersättigung, des Karbonatgehaltes, der Klüftung und der Körnung der Speichergesteine;

b) die elektrische Messung des ganzen Bohrloches mit Standardsonden im Maßstab nicht kleiner als 1 : 500; die seitliche Bohrlochsondierung (BKS) und die Mikrosondierung der produktiven Schichten im Maßstab nicht kleiner als 1 : 200; die Bestimmung des spezifischen Widerstandes der Tonspülung mit Hilfe des Widerstandsmessers; die Gamma-Neutronen-, die Gamma-Bohrlochmessung, die Gas- und Temperatur-Bohrlochmessung mit dem Ziel, im Profil produktive Schichten auszugliedern, ihre Mächtigkeit, Porosität und Erdöl-Erdgassättigung zu bestimmen;

c) Messung der Bohrlochabweichungen mit dem Inklinometer, die Ausmessung des Bohrloches mit dem Kavernometer und in einzelnen Bohrlöchern die Messung des geothermischen Gradienten;

d) Gegenüberstellung der Daten, die bei der Untersuchung des Kernes, der Proben und des Bohrschlammes erhalten wurden, mit denen der betriebsgeophysikalischen Untersuchungen;

e) das Testen jeder erdöl-erdgasführenden Schicht auf Zufluß von Schichtflüssigkeit oder Gas zur Bestimmung des Produktivitätskoeffizienten, der Abgabe von Erdöl, Erdgas, Kondensat und Wasser bei verschiedenen Arbeitsregimen der Bohrungen; Messung des statischen Niveaus, der Schicht- und Sohlendrücke, der Schichttemperatur; Entnahme von Tiefenproben: Erdöl, Erdgas, Kondensat; Bestimmung der Tagesförderrate der Erdölsonden nach Messungen der tatsächlichen, ununterbrochenen Förderung. Bei bedeutender lithologischer Veränderlichkeit und großer Mächtigkeit der produktiven Schicht wird diese abschnittsweise getestet. Bei Messung des Druckes in Gasbohrungen (Messung des Schicht- und des statischen Druckes, Anfertigung der Druckanstiegskurven und der Kurven Förderrate–Druck) sind geeichte Manometer zu verwenden, die periodisch auf der Gewichtspresse geprüft werden müssen.

Aus Bohrungen, die zur Berechnung von Vorräten der Klasse A dienen, muß eine Probeförderung durchgeführt worden sein, um das Regime des Lagers zu untersuchen und optimale Exploitationsbedingungen zu ermitteln. Bei niedriger Permeabilität der Speichergesteine müssen in den Bohrungen Maßnahmen zur Verstärkung der Öl- und Gaszuflüsse durchgeführt werden.

Beim Testen und bei der Probeförderung müssen bestimmt werden:

a) für Erdöl – die fraktionelle und Gruppenzusammensetzung, der Harz-, Asphalten-, Paraffin- und Schwefelgehalt, die Viskosität und das spezifische Gewicht[1]) (Viskosität und spezifisches Gewicht werden sowohl für Oberflächen- als auch für Schichtverhältnisse ermittelt); der Gassättigungsdruck des Erdöls, die Gaslöslichkeit im Öl, die Veränderung des Erdölvolumens bei verschiedenen Drücken, seine Viskosität bei Schichtverhältnissen, die Elastizitätsmodule des Erdöls und Wassers; das Gas-Öl-Verhältnis, die Schichtdrücke und die Temperaturen der produktiven Schichten;

b) für in Erdöl gelöste Gase und freies Gas – das spezifische Gewicht bezogen auf Luft, Heizwert, die chemische Zusammensetzung in Volumenprozenten von Methan, Äthan, Propan, Butan bis Pentan und noch schwerere Kohlenwasserstoffe sowie Helium, Schwefelwasserstoff, Kohlensäure und Stickstoff und Anteil der Gasolinfraktionen;

c) für Kondensat – sein Gehalt bei Schichtverhältnissen, die Menge des stabilen Kondensats, das unter verschiedenen Separationsverhältnissen ausfällt, die fraktionelle Zusammensetzung und das spezifische Gewicht des Kondensats.

Im Verlaufe der Erkundung sind die Sohlen-, Rand-, Zwischen- und Schichtwässer zu untersuchen, ihre hydrodynamischen Besonderheiten und chemische Zusammensetzung (einschließlich der Bestimmung der wertvollen Begleitkomponenten – Jod, Brom, Bor, Lithium und anderer Elemente), die Zusammensetzung und Menge der im Wasser gelösten Gase festzustellen; die räumliche Lage des Gas-Wasser- und Erdöl-Wasser-Kontaktes zu bestimmen.

Für die außerhalb und am Lagerstättenumriß niedergebrachten Bohrungen ist die Wasseraufnahmefähigkeit der Schicht zu ermitteln, um die Verhältnisse für die Anwendung einer Flutung von außen zu klären.

Im Verlaufe der Probeförderung oder der industriellen Förderung müssen in nicht weniger als zwei außerhalb der Konturen der Erdöl- und Erdgas-Führung gelegenen Bohrungen (die Wasserzuflüsse hatten) systematische Schichtdruckbeobachtungen angestellt werden.

Die hydrodynamischen Besonderheiten und die chemische Zusammensetzung der Lagerstättenwässer müssen untersucht und mit den ent-

[1]) Dichte des Rohstoffes; dieser neuerdings in der DDR verbindliche Begriff wird im Text durch die eingeführte Übersetzung des russischen ersetzt. (D. R.)

sprechenden Angaben aus anderen Lagerstätten des Bezirkes verglichen werden. Auf der Grundlage dieses Vergleiches müssen die wahrscheinlichen Speisungs- und Entlastungsgebiete, die Größen und die Richtung der Druckveränderung sowie die Veränderungen in der chemischen Zusammensetzung der Grundwässer der untersuchten wasserführenden Horizonte charakterisiert werden.

Auf der Grundlage der Bohrdaten, der betriebsgeologischen und -geophysikalischen sowie Laboruntersuchungen, der Teste und der Probeförderung müsssen festgestellt werden:

a) der geologische Bau der Lagerstätte (das lithologisch-stratigraphische Profil, die Lage der erdöl- und erdgasführenden Schichten im Profil, die strukturellen Formen der einzelnen stratigraphischen Komplexe und produktiven Schichten);
b) die Höhenlage des Gas-Wasser-, des Gas-Öl- und des Wasser-Öl-Kontaktes, die Umrisse der Öl-Gas-Führung, die Formen und Ausmaße der Lager;
c) die Mächtigkeit der produktiven Schichten (die allgemeine und die effektive);
d) die Porosität, Klüftigkeit, Permeabilität, die Körnung und der Karbonatgehalt der produktiven Schichten;
e) die Erdöl- und Erdgassättigung der Schichten.

Erdöl- und Erdgasvorräte werden auf Strukturkarten berechnet, die in Abhängigkeit von der Größe der Lagerstätte in einem Maßstab gezeichnet werden, der die erforderliche Genauigkeit der Flächenmessungen gewährleistet (1:5000 bis 1:50000).

Der einer Vorratsberechnung zugrunde liegende Umriß der Lagerstätte, einzelner Lager und Berechnungsblöcke muß mit den geologischen und strukturellen Besonderheiten der Lagerstätte abgestimmt sein.

Die Vorräte an Erdöl, Gas und Kondensat sind einzeln für jedes isolierte Lager zu berechnen.

Die Berechnung der Erdölvorräte erfolgt nach der Volumen-Methode und wird entsprechend den vorliegenden Unterlagen kontrolliert durch die Berechnungsergebnisse nach der statistischen Methode oder der Methode der Materialbilanz.

Die Berechnung der im Erdöl gelösten Gasvorräte wird auf Grund der Gassättigung (unter Schichtverhältnissen) des Erdöls durchgeführt. Die gewinnbaren Vorräte des im Erdöl gelösten Gases werden nach dem Mittelwert des mit dem Abscheider gemessenen Gas-Öl-Verhältnisses ermittelt.

Für Lagerstätten mit Wasserdruckregime werden diese Vorräte nur nach den gewinnbaren Erdölvorräten berechnet, für Lagerstätten mit anderen Regimen — nach den Erdöl-Bilanzvorräten. Die Berechnung der Gasvorräte in Gaslagerstätten wird hauptsächlich nach der Volumen-Methode durchgeführt.

Die Berechnung der Gasvorräte nach der Methode des Druckabfalls ist für Lager zulässig, für die nachgewiesen wurde, daß Erdöl in industriellen Mengen nicht vorhanden und aktiver Druck der Randwässer nicht stark ausgeprägt ist. Ferner muß die aus dem Lager entnommene Gasmenge, die Abnahme des Schichtdruckes und des gewogenen Mittelwertes des Druckes festgestellt und die Menge des Wassers zuverlässig eingeschätzt werden können, das in dieses Lager während der Probeförderung eingeströmt ist. Die Berechnung der Gasvorräte wird nach dieser Methode nur für die Klassen A und B durchgeführt.

## 2.23 Die Bedingungen für die Klasseneinstufung der Vorräte nach ihrem Untersuchungsgrad

### 2.231 Klasse A

Nach der Klassifikation[1]) gehören zur Klasse A Vorräte, die eingehend erkundet und für eine durch erdöl-erdgasfündige Bohrungen begrenzte Fläche berechnet worden sind. In Gaslagerstätten müssen die Vorräte außerdem durch die Ergebnisse der Probeförderung als sicher festgestellt worden sein[2]). Die Lagerungsverhältnisse, der Charakter der Veränderung der Speichereigenschaften, die Öl- sowie Gassättigung der produktiven Schichten, die qualitative und quantitative Zusammensetzung des Erdöls und Erdgases und andere Berechnungsparameter sowie die wichtigsten Merkmale, welche die Exploitationsverhältnisse der Lagerstätte bestimmen (Schichtregime, Produktivität der Bohrungen, Druck, Permeabilität der Speichergesteine), sind eingehend auf Grund der Erkundungsergebnisse und des durchgeführten Forschungskomplexes untersucht worden.

Auf der Berechnungsfläche von Vorräten der Klasse A müssen eingehend untersucht und zuverlässig festgestellt worden sein:

---

[1]) SHDANOW bezieht sich hier und in den folgenden Abschnitten auf die sowjetische Vorratsklassifikation für Erdöl und Erdgas. (D. R.)

[2]) Die DDR-Klassifikation (s. Punkt 3.11) verlangt diese Probeförderung auch für Erdöl aus Erdöllagerstätten. Außerdem können Vorräte in klüftigen Speichern, selbst wenn alle Bedingungen der Klasse A erfüllt wurden, nur in Klasse B eingestuft werden. (D. R.)

a) die Lage der produktiven Schicht im Profil und der Grad ihres Aushaltens innerhalb der Fläche;
b) die lithologische Zusammensetzung der produktiven Schicht, ihre allgemeine und effektive Mächtigkeit, die Speichereigenschaften der Gesteine, aus denen die Schicht besteht (offene Porosität, Permeabilität), die Erdöl- und Erdgassättigung und der Charakter ihrer Veränderung in horizontaler und vertikaler Richtung;
c) die unteren Grenzwerte der spezifischen elektrischen Widerstände, der Porosität und der Permeabilität der produktiven Schicht unter Berücksichtigung der Korngrößenzusammensetzung und des Karbonatgehaltes der Gesteine;
d) die Qualität des Erdöls, Erdgases und des Wassers in den einzelnen Schichten;
e) nach den Ergebnissen der Probeförderung aus den Bohrungen — die anfänglichen und die laufenden Förderraten an Öl und Wasser; die anfängliche Arbeits- und die absolut freie Abgabe von Gas und dessen Gehalt an Kondensat und Helium, die Produktivitätskoeffizienten der Bohrungen, die Anfangswerte der Schichtdrücke, die Sättigungsdrücke, die Gas-Öl-Verhältnisse und deren zeitliche Veränderung.

Die Dauer der ununterbrochenen Probeförderung muß eine zuverlässige Bestimmung der genannten Kennwerte garantieren. Sie beträgt für Erdölbohrungen nicht weniger als 10–15 Tage, für Gasbohrungen 1–2 Tage unter der Voraussetzung, daß die Förderleistung verhältnismäßig gleichbleibend war;
f) nach den Ergebnissen der Exploitation — die durchschnittlichen Monatsförderraten an Erdöl, Erdgas und Wasser, die Veränderungen der Lage der Wasser-Erdöl- und Gas-Wasser-Kontakte, der Umrisse der Erdöl- und Gas-Führung und des Schichtdruckes.

Außerdem müssen die hydrogeologischen Verhältnisse, das Regime des Lagers und das Niveau der Gas-Öl-Wasser-Kontakte eingehend untersucht worden sein.

Bei der Berechnung von Gasvorräten der Klasse A nach der Methode des Druckabfalles müssen festgestellt sein:

a) der tektonische und lithologische Bau der produktiven Schichten: die Mächtigkeit und der Charakter ihrer Veränderung;
b) die Höhenlage des Gas-Wasser-Kontaktes;
c) die Isoliertheit des Gaslagers;
d) der statische und der Schichtdruck, die Gastemperatur in der Schicht;

e) die Förderraten der Gasbohrungen und ihre zeitlichen Veränderungen;

f) die Zusammensetzung des Gases und, wenn Kondensat auftritt, dessen Menge und Zusammensetzung;

g) die hydrogeologischen Verhältnisse und das Regime des Lagers.

### 2.232 Klasse B

Nach der Klassifikation gehören zur Klasse B Vorräte auf einer Berechnungsfläche, deren industrielle Öl- und Gas-Führung durch Bohrungen erwiesen ist, da in diesen günstige Meßergebnisse und aus mindestens zwei Bohrungen industriell nutzbare Zuflüsse von Öl oder Gas erhalten wurden. Diese beiden Bohrungen müssen außerdem das produktive Lager in verschiedenen hypsometrischen Niveaus aufgeschlossen haben. Die Lagerungsverhältnisse, der Charakter der Veränderungen der Speichereigenschaften, die Öl- und Gassättigung der produktiven Schichten und andere Berechnungsparameter, ferner die Hauptkennwerte, welche die Exploitationsverhältnisse der Lagerstätte bestimmen, sind für die Lagerstätte im ganzen annähernd untersucht worden. Die vollständige Zusammensetzung des Erdöls und Erdgases wurde bestimmt.

Unter den genannten Bedingungen gehören in Lagerstätten, die an ungestörte oder schwach gestörte Strukturen und lithologisch homogene Schichten einfachen Baus gebunden sind, zur Klasse B solche Vorräte, die im Umriß der Isohypse berechnet wurden, welche dem tiefsten Punkt der Schicht entspricht, aus dem ein industrieller Öl- oder Gaszufluß in Bohrungen erhalten wurde.

In Lagerstätten mit kompliziertem geologischen Bau, mit schroffen lithologischen Veränderungen der Speichergesteine gehören zur Klasse B die Vorräte einer Berechnungsfläche, welche durch Bohrungen mit positiven Testergebnissen und günstigen Bohrlochmessungen begrenzt wird.

Auf Berechnungsflächen für Vorräte der Klasse B müssen annähernd untersucht und festgestellt sein:

a) die Lage der produktiven Schichten im Profil und der Grad ihres flächenhaften Aushaltens;

b) die lithologische Zusammensetzung der produktiven Schicht, ihre allgemeine und ihre effektive Mächtigkeit, die Speichereigenschaften der Gesteine, aus denen die Schicht besteht (offene Porosität,

Permeabilität), die Öl-Gassättigung und der Charakter ihrer Veränderung in horizontaler und vertikaler Richtung.

c) nach den Testergebnissen der Schicht aus mindestens zwei in verschiedenen Teilen der Fläche niedergebrachten Bohrungen: die Öl-, Gas- und Wasserförderraten, der Schichtdruck (und der statische Druck für Gas), der Sättigungsdruck, der Produktivitätskoeffizient;

d) die Qualität des Erdöls, Erdgases, Kondensats und Wassers in den Schichten.

Außerdem muß für das Lager im ganzen die Lage der Umrisse für Gas-Erdöl-Wasser bestimmt sein. Das Regime eines Erdöl- oder Erdgaslagers, in dem keine Vorräte der Klasse A berechnet werden, wird dem gleichartiger benachbarter, erkundeter Lagerstätten oder Lager als analog unterstellt.

Bei der Berechnung von Gasvorräten der Klasse B nach der Methode des Druckabfalles müssen ermittelt sein:

a) die Höhenlage des Gas-Wasser-Kontaktes;
b) die Isoliertheit des Gaslagers;
c) der statische und der Schichtdruck sowie die Schichttemperatur;
d) die Zusammensetzung des Gases, bei Anwesenheit von Kondensat seine Menge und Zusammensetzung[1]).

Die übrigen Kennziffern, welche die produktive Schicht charakterisieren, können annähernd bestimmt sein.

### 2.233 Klasse $C_1$

Nach der Klassifikation gehören zur Klasse $C_1$ Lagerstättenvorräte, für welche die Lagerungsverhältnisse des Erdöls und Erdgases nach den Ergebnissen geologischer Such- oder geophysikalischer Arbeiten, die Speichereigenschaften der produktiven Gesteine und die Berechnungsparameter nach einzelnen Bohrungen oder in Analogie zu benachbarten, erkundeten Lagerstätten festgestellt wurden. Dabei muß, wenn auch nur in einer Bohrung, auf der einzuschätzenden Fläche ein industrieller Gas- oder Erdölzufluß erhalten worden sein. Zu dieser Klasse gehören auch Vorräte von Lagern auf Flächen, die unmittelbar an Lager mit Vorräten höherer Klassen angrenzen, ferner Öl- und Gasvorräte in Schichten, die

[1]) Nach Punkt 3.13 der DDR-Klassifikation müssen wie B erkundete Vorräte in die Klasse $C_1$ eingestuft werden, wenn innerhalb der berechneten Fläche
a) schroffe lithologische Veränderungen oder
b) das Auskeilen des produktiven Horizontes festgestellt wurden und
c) die Produktivität durch die niedergebrachten Bohrungen nur unzureichend bestätigt wurde. (D. R.)

durch Bohrlochmessungen positiv charakterisiert wurden und im Lagerstättenumriß zwischen Lagern liegen, aus denen industrielle Erdöl- und Erdgaszuflüsse erhalten wurden[1]).

Für die Einstufung der Vorräte von neuentdeckten Lagern in die Klasse $C_I$ (solche Vorräte werden nur in diese Klasse eingestuft) ist erforderlich:

a) der Nachweis für das Vorhandensein einer geologischen Struktur, nach einzelnen Bohrungen die Bestimmung der lithologischen Zusammensetzung, Mächtigkeit, Porosität und der Erdöl- und Erdgassättigung der produktiven Schichten (bei aushaltender Schicht können Mächtigkeit, Porosität und Erdöl-Erdgassättigung in Analogie zu benachbarten, abgebohrten Flächen unterstellt werden);
b) mindestens eine Erkundungsbohrung muß industriellen Erdöl- oder Erdgaszufluß erbracht haben. Durch Testen ist die Anfangsförderrate und die Produktivität der Bohrung festzustellen;
c) die Qualität des Erdöls und des Erdgases muß untersucht sein.

Auf neuen Strukturen mit nur einer produktiven Bohrung werden die Grenzen Erdöl-Wasser oder Gas-Wasser, ferner Erdöl-Erdgas entsprechend dem geologischen Bau der Lagerstätte unter Berücksichtigung der Ergebnisse der geologisch-geophysikalischen Untersuchungen und in Analogie zu benachbarten, untersuchten Lagerstätten gezogen oder unter Vorbehalt nach den Ergebnissen der Struktur-, Fazies- oder paläogeographischen Analyse der Verhältnisse der Lagerstättenbildung angegeben.

Für die Berechnung von Vorräten der Klasse $C_I$ in Blöcken und Feldern, die unmittelbar an Flächen mit Vorräten höherer Klassen angrenzen, wird die Größe der extrapolierten Zone auf Grund allgemeiner strukturgeologischer Konstruktionen unter Berücksichtigung des Aushaltens der lithologischen Zusammensetzung und Speichereigenschaften der produktiven Schichten bestimmt.

Wenn $C_I$-Vorräte in Schichten berechnet werden, die durch Bohrlochmessungen positiv charakterisiert wurden und innerhalb der Lagerstätte zwischen Schichten liegen, aus denen ein industrieller Erdöl- oder Erdgaszufluß erhalten wurde, muß die lithologische Zusammensetzung untersucht und bei Gaslagern die Größe des Schichtdruckes bestimmt werden. Das Arbeitsregime des Lagers und die qualitative Charakteristik

---

[1]) Die DDR-Klassifikation (s. Punkt 3.13) verlangt noch zusätzlich, daß in solchen Flächen mindestens drei Bohrungen mit günstigen Bohrlochmeßergebnissen vorliegen müssen. (D. R.)

des Erdöls und Erdgases können nach Analogieschlüssen ermittelt werden.

### 2.234 Klasse $C_2$

Nach der Klassifikation gehören zur Klasse $C_2$ Erdöl- und Erdgasvorräte neuer Strukturen innerhalb öl- und gasführender Provinzen[1]) in Schichten, deren Produktivität in anderen Lagerstätten festgestellt wurde, ferner Erdöl- und Erdgasvorräte bekannter Lagerstätten in einzelnen nichterkundeten tektonischen Blöcken und Schichten, deren Produktivität auf Grund günstiger geologischer und geophysikalischer Daten angenommen wird.

Für die Kategorie $C_2$ werden in der UdSSR keine Außerbilanzvorräte berechnet.

---

[1]) Nach der DDR-Klassifikation (s. Punkt 3.14) gehören diese Vorräte nicht zur Klasse $C_2$, sondern zu den prognostischen Vorräten Delta-1 (s. Punkt 3.15). Als $C_2$-Vorräte werden nur die oben nachfolgend charakterisierten und im Anschluß an höhere Klassen extrapolierte Vorräte anerkannt. In der DDR ist die Berechnung von $C_2$-Außerbilanzvorräten gestattet. (D. R.)

# 3 Vorratsberechnungsmethoden für Erdöl

Erdölvorräte werden nach der Volumen-Methode und ihren verschiedenen Varianten, nach der statistischen Methode und der Methode der Materialbilanz[1]) berechnet.

## 3.1 Die Volumen-Methode

Die Volumen-Methode stützt sich auf die Auswertung der Angaben über die geologischen Bedingungen der Verteilung des Erdöls in den Gesteinen. Bei der Vorratsberechnung von Erdöl nach dieser Methode unterscheidet man neben der eigentlichen Volumen-Methode noch ihre Varianten: die volumen-statistische, Volumen-Gewichts-, die Hektar- und seltener die Isolinien-Variante.
Am verbreitetsten ist die eigentliche Volumen-Methode.

### 3.11 Die eigentliche Volumen-Methode

Die eigentliche Volumen-Methode geht von der Tatsache aus, daß das Erdöl in den Poren einer Schicht sitzt und das Porenvolumen bestimmbar ist, wenn die geometrischen Ausmaße der erdölführenden Schicht und die Porosität der diese Schicht aufbauenden Gesteine bekannt sind.
Daher wird für die Berechnung von Erdölvorräten die Formel benutzt:

$$Q = F \cdot m \cdot \varphi \cdot \beta \cdot \eta \cdot \gamma \cdot b, \tag{1}$$

wo

$Q$ — der gewinnbare[2]) (industrielle) Erdölvorrat [t];
$F$ — die Fläche der Erdölführung [m$^2$];
$m$ — die effektive erdölgesättigte Mächtigkeit der Schicht [m];
$\varphi$ — Koeffizient für die offene Porosität der erdölführenden Gesteine;

[1]) Diese Methode ist auch als Methode des Stoffgleichgewichts, der material balance u. a. bekannt. In Anlehnung an die sowjetische und amerikanische Bezeichnung wird sie hier und später „Methode der Materialbilanz" genannt. (D. R.)

[2]) Bei Berechnung der Gesamtvorräte entfällt der Abgabekoeffizient. (D. R.)

$\beta$ — der Erdölsättigungskoeffizient (Koeffizient für die Sättigung der Schicht mit Erdöl);

$\eta$ — Koeffizient für die Erdölabgabe;

$\gamma$ — das spezifische Gewicht (Dichte) des Erdöls an der Tagesoberfläche;

$b$ — Umrechnungskoeffizient, der die Schrumpfung des Öls berücksichtigt (gleich $\frac{1}{u_e}$; wo

$u_e$ — der Volumenkoeffizient des Erdöls bei Schichtverhältnissen ist).

Nach der Instruktion muß der Bericht zur Berechnung der Vorräte nach der Volumen-Methode enthalten:

a) Die Begründung für die ausgewiesenen Vorratsklassen und ihrer Grenzen auf dem Berechnungsriß, einer Strukturkarte für das Dach des Horizontes, mit den Ergebnissen der Teste oder Probeförderung (durch entsprechende Signaturen dargestellt).

b) Die in jeder Bohrung erhaltenen Daten über die effektive Mächtigkeit des Horizontes oder der Schicht und ihrer Porosität. Ferner muß die Methodik beschrieben und begründet werden, mit deren Hilfe die der Berechnung zugrunde gelegten Ausgangs- und Mittelwerte erhalten wurden.

c) Die Daten über die Analysen des Erdöls und der Erdölschrumpfung, wenn es an die Tagesoberfläche gebracht wird; ferner Angaben über das Gas-Öl-Verhältnis.

d) Festgestellte Daten über den Schichtdruck, den Sättigungsdruck, die Zusammensetzung des Gases und die Temperatur des gasführenden Horizontes einer Gaslagerstätte.

e) Daten über das Regime des Horizontes, den Speichertyp und dessen Eigenschaften.

Die Zahlenwerte der in die Formel der Volumen-Methode eingehenden Koeffizienten werden auf Grund der betriebsgeologischen Untersuchung der Schicht und der Forschungsergebnisse des Laboratoriums bestimmt.

### 3.111 Die Fläche der Erdölführung ($F$)

Die produktive Fläche wird nach den Ergebnissen niedergebrachter Bohrungen und ihrer Teste bestimmt. Bei der Berechnung von Erdölvorräten wird die produktive Fläche auf den Berechnungsrissen ausgemessen.

Der Berechnungsriß ist eine Strukturkarte für das Dach des Horizontes. Er wird in Abhängigkeit von den Ausmaßen der Lagerstätte im

Maßstab 1:5000 bis 1:50000 gezeichnet. Die Ergebnisse der Teste aller niedergebrachten Bohrungen müssen für den Stichtag der Berechnung mit Hilfe von Signaturen eingetragen werden. Auf dem Riß werden Sonden hervorgehoben:

a) die wasserfreies Erdöl oder Erdgas geliefert haben. Bei ihnen wird durch einen Bruch angegeben: im Zähler – die mittlere tägliche Anfangsförderrate an Erdöl oder Erdgas, das Datum, an dem Wasser auftrat, der Wasseranteil (in Prozenten zum Erdöl) zu diesem Zeitpunkt; im Nenner – die laufende mittlere Tagesförderrate und der prozentuale Wasseranteil am Stichtage der Berechnung;
b) die Erdöl oder Gas mit Wasser geliefert haben. Im Zähler des Bruches wird bei ihnen angegeben: die mittlere tägliche Anfangsförderrate an Erdöl oder Gas und der prozentuale Wasseranteil; im Nenner – die laufende durchschnittliche Tagesförderrate und der prozentuale Wasseranteil zum Stichtag der Berechnung;
c) die Wasser oder Gas gegeben haben;
d) die beim Testen Wasser mit Ölfilmen erbracht haben;
e) bei denen während der Niederbringung der Bohrung Öl- oder Gaszuflüsse aufgetreten sind;
f) die günstige Anzeichen für eine Erdgas-Erdöl-Führung nach den Bohrlochmessungen aufweisen, jedoch noch nicht getestet wurden;
g) die nach den Ergebnissen der seitlichen Bohrlochsondierung Wasserführung zeigen;
h) die Erdöl- oder Wasserspuren im Kern aufweisen;
i) die in toniger oder dichter (nicht poröser) Fazies die Schicht angetroffen haben.

Auf dem gleichen Riß werden die äußeren und inneren Umrisse der Erdöl- oder Erdgas-Führung (die ursprünglichen und die zum Stichtag der Berechnung) sowie die Auskeilungslinien der produktiven Ablagerungen eingetragen. Ist das Öl- oder Gaslager an gestörte Brachyantiklinal- oder Monoklinalfalten gebunden und schirmen diese Störungen die Gas-Öl-Verbreitung ab, wobei die Fläche in einzelne selbständige Blöcke zerlegt wird, sind die Nummern dieser Blöcke und ihre exakten Grenzen im Riß anzugeben.

Schließlich werden innerhalb der produktiven Fläche Abschnitte verschiedener Vorratsklassen ausgeschieden.

Es ist zu empfehlen, die Berechnung von Erdöl- oder Erdgasvorräten getrennt nach Blöcken, Vorratsklassen und Teilen des Lagers (Erdöl und Erdöl-Wasser einzeln) durchzuführen.

Zur Bestimmung der Größe der produktiven Fläche müssen die Testergebnisse der Bohrungen sorgfältig analysiert und die erhaltenen Daten mit den Perforationsintervallen der Verrohrung, den Angaben der Kernuntersuchungen und den Unterlagen der geophysikalischen Bohrlochuntersuchungen (elektrische und radioaktive Bohrlochmessungen, seitliche Bohrlochsondierung usw.), der technischen Charakteristik der Bohrlochkonstruktion usw. verglichen werden.

### 3.112 Die effektive ölgesättigte Mächtigkeit der Schicht ($m$)

Meist wird die vertikale (sichtbare) Schichtmächtigkeit ohne Korrektur für den Einfallwinkel ermittelt, da das Schichtvolumen gewöhnlich als Produkt aus der Projektion der Fläche auf die horizontale Ebene und der vertikalen Mächtigkeit berechnet wird. Die genaue Bestimmung der effektiven ölgesättigten Mächtigkeit ist wichtig. Dazu werden die Daten aus Kernanalysen, der elektrischen und radioaktiven Bohrlochmessungen sowie der Testergebnisse herangezogen. Sie ermöglichen es, den Wasser-Öl-Kontakt und die Grenzen der Mächtigkeit zu ermitteln. Besonders schwierig ist die Bestimmung der effektiven ölgesättigten Mächtigkeit von Karbonatgesteinen. In diesem Falle sind komplexe Bestimmungen von großer Bedeutung. Die Ermittlung der unteren Grenze der effektiven ölgesättigten Mächtigkeit wird durch die Existenz einer Übergangszone erschwert, die in gut durchlässigen Speichern 0,3 m Mächtigkeit erreichen kann, in schlecht durchlässigen manchmal 7–8 m und selbst mehr.

In der Praxis wird als untere Grenze der effektiven ölgesättigten Mächtigkeit gewöhnlich die Mittellinie der Übergangszone angenommen[1]). Die genaue Bestimmung dieser Mittellinie ist daher für Erdöllager, die an Strukturen des Tafeltyps gebunden sind, von großer Bedeutung bei der Berechnung von Erdölvorräten.

Zur exakten Bestimmung der effektiven ölgesättigten Mächtigkeit der Schicht nach einzelnen Bohrungen ist die Ausnutzung der Ergebnisse seitlicher Elektrosondierung angebracht.

Die Bestimmung der Mächtigkeit nach dem Kern ist in der Regel deshalb schwierig, weil der Kerngewinn stark schwankt und gewöhnlich 50–65% nicht überschreitet. Nach dem vorliegenden Kernmaterial läßt sich die wahre Mächtigkeit einer Schicht folglich nur schwer bestimmen, ganz besonders jedoch dann, wenn der Speicher als Wechselfolge geringmächtiger Sandstein-, Sand-, Ton- u. a. Schichten auftritt.

[1]) Diese Grenze wird manchmal bei der oberen Begrenzungsfläche der Übergangszone gezogen, dort wo die Widerstandskurve abfällt.

Zur genauen Bestimmung der effektiven ölgesättigten Mächtigkeit ist am besten die Auswertung komplexer Beobachtungen: Kernuntersuchungen, Testergebnisse, Elektro- und radioaktive Bohrlochmessungen in Verbindung mit technischen Angaben über die Sonde (Bohrlochkonstruktion, Zustand der Bohrlochsohle, Perforationsintervall usw.).

Die mittlere Schichtmächtigkeit kann verschieden berechnet werden: als arithmetisches oder mit der Fläche gewogenes Mittel. Das arithmetische Mittel wird gewöhnlich bevorzugt, wenn nur äußerst wenige Bohrungen zur Verfügung stehen und sich die Mächtigkeit der Schicht in diesen Bohrungen stark unterscheidet. Wenn genügend viel Bohrungen niedergebracht worden sind und sich in ihnen die Mächtigkeit der Schicht mehr oder weniger fließend verändert, wird eine Isopachenkarte gezeichnet und auf ihr die mittlere Mächtigkeit als arithmetisches Mittel der gewogenen Mächtigkeit für die Flächeneinheit aus dem Verhältnis berechnet:

$$m = \frac{m_1 f_1 + m_2 f_2 + \cdots + m_n f_n}{f_1 + f_2 + \cdots + f_n}, \tag{2}$$

wo $f_1, f_2, \ldots, f_n$ – die Flächen der einzelnen durch benachbarte Isopachen begrenzten Schichtabschnitte (in $m^2$);

$m_1, m_2, \ldots, m_n$ – die mittleren Isopachen der betreffenden Abschnitte, die als Mittelwert zweier benachbarter Isopachen bestimmt werden (in m), sind.

### 3.113 Das Volumen des produktiven Teils der Schicht ($Fm$)

Bei der Berechnung von Erdölvorräten wird gewöhnlich das Volumen der Schicht:

1. entweder als Ganzes, durch Multiplikation der Flächenprojektion im Riß mit der mittleren Mächtigkeit (als arithmetisches oder gewogenes Mittel für die ganze Schicht) berechnet, wenn die Form des Lagers einfach ist und die Mächtigkeit keine schroffen Veränderungen aufweist;
2. oder mit Hilfe der Isopachenkarte und der Berechnung der elementaren Volumen, die dann addiert werden:

$$V = f_1 m_1 + f_2 m_2 + \cdots + f_n m_n, \tag{3}$$

wo $V$ = das Volumen der Schicht (in $m^3$);

$f_1, f_2 \ldots f_n$ – die zwischen zwei benachbarten Isopachen eingeschlossenen Flächen (in $m^2$);

$m_1, m_2 \ldots m_n$ – die mittlere effektive erdöl- oder erdgasgesättigte Mächtigkeit, die als halbierte Summe zweier benachbarter Isopachen bestimmt wird (in m), sind.

Eine solche Berechnung wird dann durchgeführt, wenn die Fläche einen etwas verwickelteren Bau hat und mehr oder weniger fließende Veränderungen der Mächtigkeit vorliegen;

3. oder durch graphisches Integrieren nach Profilen, wenn sich die Mächtigkeit des Speichers sprunghaft ändert und sein Auskeilen in verschiedenen Richtungen beobachtet wird. Bei der Anwendung dieser Methode, die im Spezialkursus über „Berechnung von Erdöl- und Erdgasvorräten" dargelegt wird, werden Profile quer zum Streichen der Gesteine konstruiert, und zwar dort, wo möglichst viele Bohrungen liegen. Auf diesen Profilen wird zunächst die Fläche der effektiven Mächtigkeit bestimmt und mit Hilfe einer sogenannten „resultierenden Graphik" das Volumen der Schicht.

Komplizierte Berechnungen zur Bestimmung des Volumens des Lagers, wie sie bei der Berechnung von Vorräten fester nutzbarer Bodenschätze angewendet werden, finden bei Erdgas und Erdöl nur sehr selten Anwendung. Das erklärt sich daraus, daß die Genauigkeit der Volumenberechnung eines Öl- oder Gaslagers weit mehr von der schwierigen und komplizierten Ermittlung der Ausgangsdaten (Lagergrenzen) usw. abhängt als von der Berechnungsmethode des Volumens des Lagers.

Am schwierigsten ist die Volumenbestimmung des erdölgesättigten Teiles eines karbonatischen Speichers. Um das effektive Volumen (d. h. das Erdöl enthaltene Volumen) in Riffmassiven einiger Erdölbezirke der UdSSR zu bestimmen, wird gegenwärtig eine mühselige Arbeit durchgeführt, um im Massiv den prozentualen Anteil poröser und nichtporöser Intervalle nach den Bohrprofilen festzustellen und diese Daten zur Bestimmung des effektiven Volumens auszuwerten. Für karbonatische Speicher haben sich die vorhandenen Methoden zur Bestimmung des Lagervolumens infolge lokaler Entwicklung poröser Abschnitte als zu ungenau erwiesen. Das macht Spezialuntersuchungen notwendig.

### 3.114 Der Koeffizient für die offene Porosität ($\varphi$)

Dieser Koeffizient[1]) wird gewöhnlich auf Grund der Untersuchung aus der produktiven Schicht im Bohrloch entnommener Gesteinsproben fest-

[1]) Der Begriff „offene" Porosität ist eine sowjetische Begriffswandlung der bisher – und in den USA noch heute – gebräuchlichen „effektiven" Porosität. „Offene" und die früher gebräuchliche „effektive Porosität" sind im Grunde Synonyme. Neuerdings wird in der Sowjetunion unter „effektiver" Porosität das Produkt aus offener Porosität und dem Erdölsättigungskoeffizienten verstanden. (D. R.)

gelegt. Zur vollen Charakteristik der Porosität einer Schicht werden in diesem Falle unbedingt ausreichende Angaben gebraucht, die über die ganze Verbreitungsfläche und ganze Mächtigkeit dieser Schicht verteilt sein müssen. Gewöhnlich liegen solche Daten in benötigtem Umfange nicht vor. Daher müssen zur Bestimmung der Porosität unbedingt betriebsgeophysikalische Methoden herangezogen werden. Manchmal werden zur Porositätsbestimmung die Werte des natürlichen Potentials verwendet. Es muß jedoch darauf hingewiesen werden, daß die Bestimmung der Gesteinsporosität durch Interpretation der Werte des natürlichen Potentials eine zusätzliche und gründlichere experimentelle und theoretische Untersuchung dieser Methode und Vervollkommnung erfordert. Vorläufig kann dieses Verfahren zur annnähernden Einschätzung der Porosität produktiver Gesteine dann angewandt werden, wenn die sorgfältige Überprüfung auf Grund der vorliegenden Daten seine Anwendungsmöglichkeit für die Verhältnisse der betreffenden Lagerstätte bewiesen hat.

Erfolgt die Bestimmung der Porosität nach den Daten der Betriebsgeophysik, müssen vorher die bei Kernuntersuchungen erhaltenen Daten (für ein und dasselbe Profilintervall) sorgfältig mit denen der Geophysik verglichen werden. Auftretende Abweichungen und deren Ursachen müssen ebenso geklärt werden wie die Frage, ob die geophysikalischen Angaben mit Sicherheit zu verwenden sind.

Wenn die Bohrungen in der Wasser-Erdöl-Zone niedergebracht wurden und nach geophysikalischen Daten die Porosität in den erdölführenden und wasserführenden Teilen der Schicht bestimmt wurde, sind für die Berechnung die Bestimmungen im wasserführenden Teil der Schicht am zuverlässigsten. Diese Werte der Porosität können in Analogie auch auf den erdölgesättigten Teil der Schicht übertragen werden, wenn erdöl- und wassergesättigte Teile des Profils gleiche lithologisch-physikalische Eigenschaften aufweisen.

Zur Berechnung der mittleren offenen Porosität einer Schicht wird am besten nach den vorliegenden Daten eine Karte gleicher Porosität konstruiert und nach ihr die mittlere Porosität als gewogenes arithmetisches Mittel für eine Flächeneinheit (analog der Bestimmung der mittleren Mächtigkeit nach der Isopachenkarte) ermittelt.

Wenn die Menge der vorliegenden Daten über die Porosität nicht groß ist, wird der Mittelwert der Porosität am besten als arithmetisches Mittel berechnet.

3.115 Der Erdölsättigungskoeffizient ($\beta$)

Am genauesten kann der Erdölsättigungskoeffizient nach den Untersuchungsergebnissen des Kerns bestimmt werden, der in Spezialbohrungen gewonnen wurde. (Beim Durchteufen der Schicht wird Erdöl als Spülung verwendet.) In der so entnommenen Gesteinsprobe wird die Menge des gebundenen Wassers ermittelt, d. h. der Wassersättigungskoeffizient (als Wassersättigungskoeffizient der Schicht wird das Verhältnis ihres Wasserinhaltes zur Summe des Porenvolumens bezeichnet oder die in einer Poreneinheit enthaltene Wassermenge).

Wird der Wassersättigungskoeffizient gleich $\zeta$ gesetzt, dann ist der Erdölsättigungskoeffizient:

$$\beta = 1 - \zeta. \tag{4}$$

Wenn keine Spezialbohrungen (mit Erdölspülung) niedergebracht worden sind, kann durch Anwendung verschiedener indirekter Methoden eine Vorstellung über den gebundenen Wassergehalt des Gesteins erhalten werden.

Zu solchen Methoden gehören:

1. die Bestimmung der Abhängigkeit zwischen Schichtpermeabilität und ihrer Wassersättigung;
2. die Bestimmung der Abhängigkeit zwischen Kapillardruck und Restwassersättigung (Methode der Kapillardrücke);
3. die Methode des Zentrifugierens;
4. die Bestimmung des Chloridgehaltes im Kern.

Sehr häufig werden zur Bestimmung des gebundenen Wassergehaltes in der Literatur vorliegende (oder speziell zusammengestellte) Abhängig-

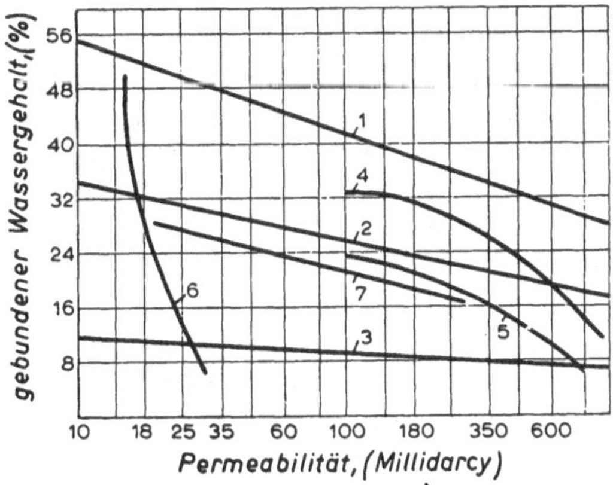


Abb. 1. Abhängigkeit des Gehalts an gebundenem Wasser von der Geteinspermeabilität

*1* – feinkörnige Sande; *2* – mittelkörnige Sande; *3* – grobkörnige Sande, Kalksteine und Dolomite; *4* und *5* – Sandsteine aus verschiedenen Abschnitten der Lagerstätte Tujmasy; *6* – Kalksteine der Lagerstätte Novo-Stepanowka; *7* – Kalksteine der Lagerstätte Karta-schewo (Kurven *1*, *2*, *3* nach P. JONES, Kurven *4*, *5*, *6*, *7* nach S. SAKS) keitskurven (Abb. 1 und 2) verwendet, nach denen sich der angenäherte Gehalt an gebundenem Wasser für das eine oder andere Gestein nicht schwer bestimmen läßt. Aus dem Vergleich der von MUSKAT, JONES und

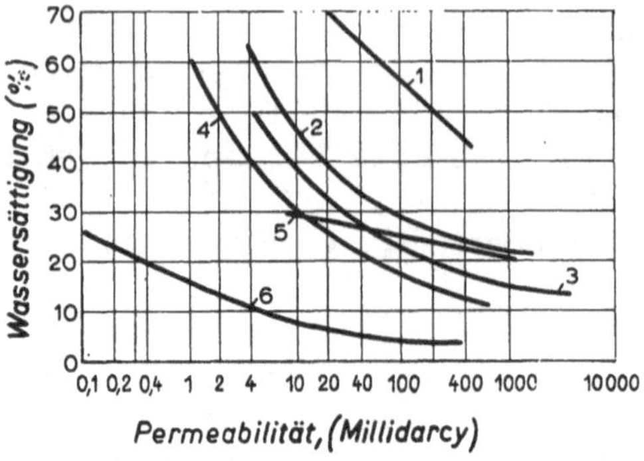


Abb. 2. Die Veränderung des Gehaltes an gebundenem Wasser in Abhängigkeit von der Permeabilität verschiedener Gesteine und Lagerstätten (nach M. MUSKAT)

Sandsteine: *1* – Anaguak-Tomball; 2 – Dominguez; Lagerstätten: *3* – östlicher Texas; *4* – ELK; *5* – Magnolia (Kalksteine); *6* – Wasson (Dolomit)

SAKS ausgearbeiteten Kurven folgt jedoch, daß für jede Lagerstätte, genauer, für jede Schicht, die Abhängigkeit der Wassersättigung von der Permeabilität ihre Besonderheiten hat.

Die von P. JONES für die Beurteilung der Wassersättigung in feinkörnigen, mittelkörnigen und grobkörnigen Sanden sowie Kalksteinen empfohlenen Durchschnittskurven können folglich keinen Anspruch auf Universalität erheben. Bei der Verwendung dieser Kurven zur Bestimmung des Erdölsättigungskoeffizienten erhalten wir für die Vorratsberechnung daher nur Näherungswerte. Die Kurve der Abhängigkeit zwischen Permeabilität der Schicht und ihrer Wassersättigung kann effektiv nur dann verwendet werden, wenn sie für die konkret untersuchte Schicht konstruiert wurde.

Zur Bestimmung der Erdölsättigung einer Schicht werden ferner geophysikalische Angaben herangezogen, da zwischen dem spezifischen Widerstand und der Erdölsättigung des Gesteins ein Zusammenhang besteht: bei sonst gleichen Bedingungen nimmt für ein und denselben Speicher mit der Erdölsättigung auch der spezifische Widerstand zu. Zur exakteren Ermittlung des Erdölsättigungskoeffizienten sind jedoch komplexe Bestimmungen erforderlich: die nach geophysikalischen Angaben erhaltenen Werte sind mit den Werten zu vergleichen, die aus besonderen Kontrollbohrungen erhalten wurden, in denen – bei Verwendung von Erdölspülung – die Schicht durchteuft und der gewonnene Kern untersucht wurde.

Wenn die notwendigen Angaben fehlen, wird der Erdölsättigungskoeffizient gewöhnlich gleich den in der Fachliteratur angegebenen mittleren Werten 0,6–0,8 gesetzt. Der Durchschnittswert der Erdölsättigung, errechnet für 20 Lagerstätten der UdSSR, beträgt 80–86% (für fein- und mittelkörnige Sandsteine). Für einige erdölführende Flächen schwankt die Erdölsättigung zwischen 67,3–93,1%. Für die kalkigen Dolomite der Lagerstätte Nowo-Stepanowka ist der Erdölsättigungskoeffizient 0,75 (nach S. Saks).

### 3.116 Der Koeffizient für die Erdölabgabe ($\eta$)

Als Erdölabgabekoeffizient wird das Verhältnis des Erdölvolumens, das bei bestimmten Gewinnungsmethoden (und der Exploitation) an die Oberfläche gefördert werden kann, zu dem Erdölvolumen (auf Tagesoberflächenverhältnisse umgerechnet) bezeichnet, das ursprünglich in den Schichten enthalten war. Mit anderen Worten, als Abgabekoeffizient wird das Verhältnis des industriellen Vorrats zum ursprünglichen Vorrat bezeichnet.

Die Größe des Abgabekoeffizienten hängt von den lithologisch-physikalischen Eigenschaften des Speichers, den Eigenschaften des die Schicht sättigenden Erdöls, dem Tempo der Gewinnung und dem Gewinnungssystem sowie von den Exploitationsmethoden ab. Das Studium der Erfahrung bei der Gewinnung aus Lagerstätten der USA (nach Angaben von F. A. Grischin) zeigt:

1. Bei sandigen, granulometrisch einheitlichen Speichern sind die Abgabekoeffizienten in der Regel höher als bei klüftigen und nichtaushaltenden Speichern.
2. Bei sandigen, körnigen Speichern schwankt der Erdölabgabekoeffizient zwischen 0,689 (bei einer Bohrdichte von 2,8 ha/Bohrung) und 0,447 (bei entsprechend 11,8 ha/Bohrung).
3. Bei klüftigen (und nichtaushaltenden) Speichern schwankt der Erdölabgabekoeffizient zwischen 0,599 (bei 0,6 ha/Bohrung) und 0,227 (bei 16,2 ha/Bohrung).

Selbstverständlich können die angeführten Zahlenwerte in keiner Weise als Richtschnur dienen. Sie sind hinsichtlich der zum Ausdruck gebrachten Tendenz bemerkenswert. Es ist lediglich festzuhalten, daß die Praxis der Lagerstättennutzung in den USA auf die Abhängigkeit der Erdölabgabekoeffizienten von der gewählten Verteilung der Bohrungen hinweist. Es kann nicht damit gerechnet werden, daß bei einem beliebigen Bohrnetz (wie unrichtig in der Fachliteratur zu lesen) ein und derselbe im Förderprojekt vorgesehene Erdölabgabekoeffizient erhalten wird. Ein weitmaschiges Bohrnetz macht unbedingt Maßnahmen zur Einwirkung auf die Schicht erforderlich sowie Berechnungen über die Größe des jeweiligen Erdölabgabekoeffizienten, der für das eine oder andere Bohrnetz bei Berücksichtigung der Besonderheiten des geologischen Baus der produktiven Schicht erhalten wird.

Die Auffassung, daß ein beliebig weitmaschiges Bohrnetz einen gewünschten und geplanten Erdölabgabekoeffizienten gewährleistet, ist völlig irrig und wird durch die Praxis keinesfalls bestätigt. Die Größe des Erdölabgabekoeffizienten hängt in erheblichem Maße auch vom Schichtregime und den Eigenschaften des Agenten ab, der das Erdöl hinausdrängt.

Auf Grund der Phasen-Permeabilität sind 20% Erdöl vom Porenvolumen der Schicht, allgemein gesagt, selbst bei Intensivierungs- und Sekundärverfahren nicht gewinnbar, was durch Laboruntersuchungen bestätigt wird.

Die Größe des Erdölabgabekoeffizienten wird gewöhnlich in Abhängigkeit vom Schichtregime gewählt:

| | |
|---|---|
| für ein effektives Wasserdruckregime | 0,6–0,8 |
| für ein effektives Gaskappenregime | 0,5–0,7 |
| für ein nichteffektives Gaskappenregime | 0,4–0,6 |
| für ein Regime des gelösten Gases | 0,2–0,4 |
| für ein Gravitationsregime | 0,1–0,2 |

Zur Kontrolle des erhaltenen Abgabekoeffizienten müssen Kerne aus dem erschöpften Teil der Schicht entnommen und untersucht werden. Durch auf die Schicht einwirkende Maßnahmen erhöht sich der Abgabekoeffizient. Das muß jedoch durch Labor- und besondere betriebliche Untersuchungen für die betreffende Lagerstätte bestätigt werden.

Die Ostgruppe der Kuban-Lagerstätten – im wesentlichen mit einem Regime des gelösten Gases und nichteffektiven Anzeichen eines Wasserdruckregimes – hat einen mittleren Abgabekoeffizienten von 0,41. Durch Einwirkung auf die Schicht, des Einpumpens von Luft, konnte der Abgabekoeffizient auf 0,5, das heißt um fast 21% erhöht werden.

Jüngste Angaben über die Größe des Erdölabgabekoeffizienten für die erschöpften Bakuer Öllagerstätten nennen Werte zwischen 0,40–0,55 (ohne Maßnahmen zur Einwirkung auf die Schicht). Durch Flutung konnte der Erdölabgabekoeffizient um 10–20% erhöht werden.

### 3.117 Das spezifische Gewicht[1]) des Erdöls ($\gamma$)

Bei Vorratsberechnungen wird gewöhnlich das im Laboratorium unter Standardverhältnissen[2]) ermittelte spezifische Gewicht für Erdöl eingesetzt. Dazu wird für die Schicht ein Mittelwert der Probenanalysen einer Reihe von Bohrungen verwendet. Wenn Analysen unter Schichtverhältnissen entnommener Proben vorliegen, kann statt des spezifischen Gewichtes bei Standardverhältnissen ($\gamma$) das spezifische Gewicht für Schichtverhältnisse ($\gamma_{sch}$) eingesetzt werden. In diesem Falle ist bei der Vorratsberechnung der Umrechnungskoeffizient ($b$) in die Volumenformel nicht aufzunehmen. In der Volumenformel wird

$$\gamma b \text{ durch } \frac{\gamma_{sch}}{1+\delta} \text{ ersetzt, da}$$

$$\gamma b = \frac{\gamma_{sch}}{1+\delta}, \tag{5}$$

$$\text{wo } \delta = \frac{N \gamma_l \cdot \gamma_g}{1000}, \tag{6}$$

wo $\delta$ = der Gewichtsgasfaktor [t/t];
$N$ = die im Erdöl beim gegebenen Schichtdruck gelöste Gasmenge [$m^3$/t];
$\gamma_l$ = das spezifische Gewicht der Luft, 1,293 kg/$m^3$;
$\gamma_g$ = das spezifische Gewicht des Gases, bezogen auf Luft, in kg/$m^3$ sind.

### 3.118 Der Umrechnungskoeffizient ($b$)

Der Umrechnungskoeffizient oder die dem Volumenkoeffizienten des Erdöls unter Schichtverhältnissen ($u_e$) reziproke Größe wird in die Berechnung eingeführt, um die für das Erdinnere berechneten Erdölvorräte auf die Standardbedingungen an der Tagesoberfläche zu bringen.

Der Volumenkoeffizient des Erdöls unter Schichtverhältnissen wird nach den Labor-Analysenergebnissen von Tiefenproben des Erdöls (unter Schichtverhältnissen) ermittelt oder indirekt oder nach speziellen Kurvenblättern.

---

[1]) Die exaktere und in der DDR gesetzlich verankerte Bezeichnung „Dichte" wird hier und später für diesen Begriff nicht eingesetzt, um die Darlegung nicht zu komplizieren. (D. R.)

[2]) Das sind vereinbarte Bezugsgrößen für Druck und Temperatur, die sich leider noch in den einzelnen Ländern unterscheiden. In der vorliegenden Arbeit sind alle Kurven und Tabellen (soweit nicht anders vermerkt) auf 760 mm und 15,5 °C gleich 60 °F bezogen. Die Standardtemperatur in der DDR beträgt 20 °C. (D. R.)

Volumenkoeffizient des Schichtöls[1]) ($u_e$) heißt das Verhältnis des Schichtölvolumens ($v_{sch}$) zum Volumen des bei Standardbedingungen aus ihm gewonnenen separierten Erdöls ($v_{st}$):

$$u_e = \frac{v_{sch}}{v_{st}}. \tag{7}$$

Der Volumenkoeffizient des Schichtöls zeigt an, welches Volumen 1 m³ (bei Standardbedingungen) separiertes Erdöl unter Schichtverhältnissen einnimmt. Die dem Volumenkoeffizienten des Schichtöls reziproke Größe ist der Umrechnungskoeffizient ($b$):

$$b = \frac{1}{u_e} = \frac{v_{st}}{v_{sch}}. \tag{8}$$

Mit Hilfe des Umrechnungskoeffizienten wird das Volumen des Schichtöls auf das Volumen des separierten Erdöls (bei Standardbedingungen) reduziert. Beim Transport des Erdöls an die Oberfläche und infolge Gasabscheidungen verringert sich das Erdölvolumen, es „schrumpft".

Der Koeffizient für die Schrumpfung ($E$) ist gleich:

$$E = \frac{v_{sch} - v_{st}}{v_{sch}}. \tag{9}$$

Zwischen den obengenannten Koeffizienten besteht folgende Abhängigkeit:

$$b = \frac{1}{u_e} = 1 - E \tag{10}$$

$$E = 1 - b = \frac{u_e - 1}{u_e} \tag{11}$$

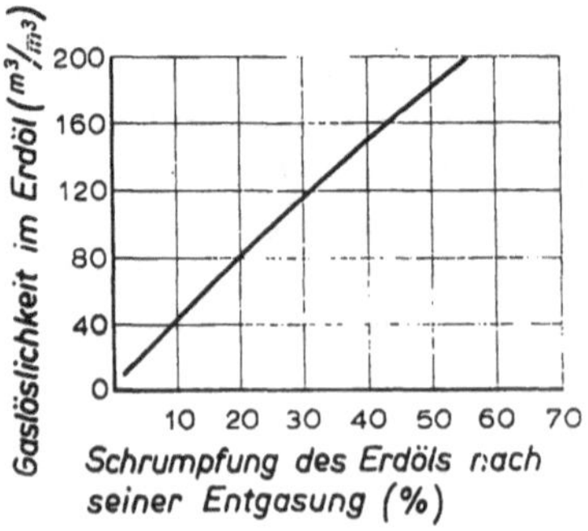


Die Bestimmung des Koeffizienten für den Schwund (die Schrumpfung) und des Umrechnungskoeffizienten hat große Bedeutung, insbesondere bei der Berechnung von Erdölvorräten, da $E$ nicht selten 40% erreicht

Abb. 3. Bestimmung der Schrumpfung des Erdöls (in Prozenten) bei seiner Entgasung

[1]) Mit dieser abkürzenden Bezeichnung wird hier und im folgenden Text Erdöl mit den Eigenschaften bezeichnet, die es unter Schichtverhältnissen besitzt. (D. R.)

und seine Nichtberücksichtigung zu großen Fehlern in den Vorratsangaben führen kann.

Der Volumenkoeffizient des Schichtöls läßt sich am besten im Labor durch Analyse der in der Tiefe entnommenen Proben des Schichtöls bestimmen. Annähernd kann dieser Koeffizient auch graphisch aus Abb. 3 ermittelt werden. Zunächst wird aus ihr der Erdölschwund in Prozenten berechnet, dann nach Formel (10) $u_e$ und $b$ bestimmt.

Abb. 4 zeigt für einige Lagerstätten die Abhängigkeit des Volumenkoeffizienten vom Sättigungsdruck. In Abb. 5 sind Werte der Gaslöslichkeit im Erdöl ($r$) und des Volumenkoeffizienten des Schichtöls als Funktion des Druckes dargestellt. Weit genauer kann der Volumenkoeffizient des Schichtöls nach der Fraktionszusammensetzung des Gases oder nach den Angaben über das spezifische Gewicht berechnet werden.

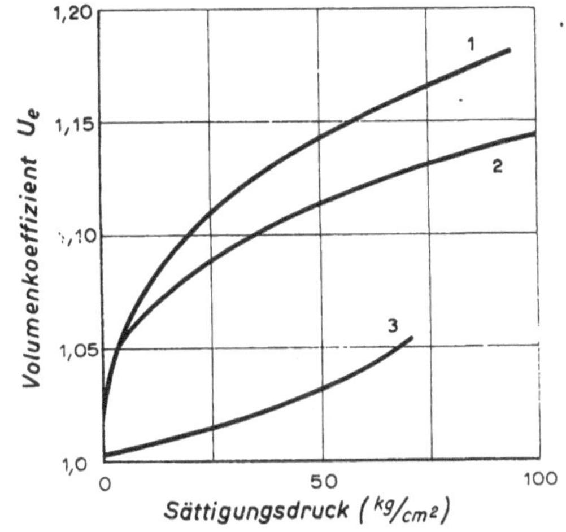


Abb. 4. Abhängigkeit des Volumenkoeffizienten des Schichtöls vom Sättigungsdruck

*1* — Tujmasy (Devon); *2* — Sokolowa Gora (Devon); *3* — Karaton (Neokom)

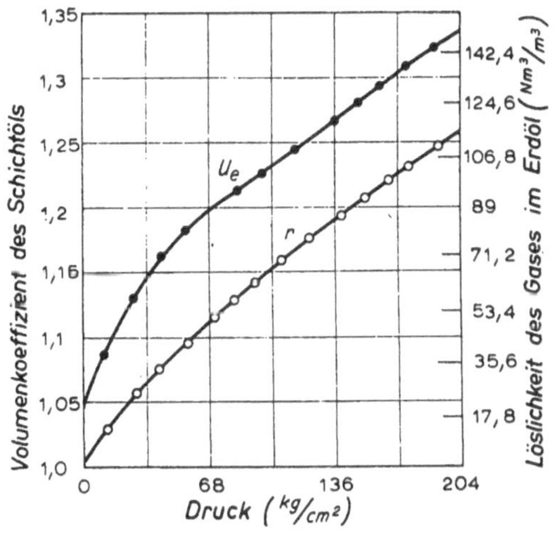


Abb. 5. Die Parameter $u_e$ und $r$ als Funktionen des Druckes

### ·3.1181 Die Bestimmung des Volumenkoeffizienten des Schichtöls nach der Fraktionszusammensetzung des Gases

Zur Bestimmung des Volumenkoeffizienten des Schichtöls stehen folgende Angaben zur Verfügung:
Das spezifische Gewicht des Erdöls – 0,8285. Das Gas-Öl-Verhältnis – 172,5 m³/t. Der Schichtdruck – 182,5 at. Die Schichttemperatur – 65,5 °C. Der Volumengehalt des Gases in Prozenten nach den Analysenergebnissen:

| | |
|---|---|
| Methan | 76 |
| Äthan | 10 |
| Propan | 7 |
| Butan | 5 |
| Pentan | 1,5 |
| Hexan und höhere | 0,5 |
| insgesamt | 100,0 |

Der Gehalt der einzelnen Komponenten in m³ auf eine Tonne Erdöl beträgt bei dem angegebenen Gas-Öl-Verhältnis:

| | | |
|---|---|---|
| Methan | 0,76 · 172,5 | = 131,08 m³/t |
| Äthan | 0,10 · 172,5 | = 17,25 m³/t |
| Propan | 0,07 · 172,5 | = 12,10 m³/t |
| Butan | 0,05 · 172,5 | = 8,62 m³/t |
| Pentan | 0,015 · 172,5 | = 2,59 m³/t |
| Hexan und höhere | 0,005 · 172,5 | = 0,86 m³/t |
| insgesamt | | = 172,5 m³/t |

Die Volumengehalte in 1 m³ Erdöl:

| | | |
|---|---|---|
| Methan | 131,08 . 0,8285 | = 109,0 m³/m³ |
| Äthan | 17,25 . 0,8285 | = 14,3 m³/m³ |
| Propan | 12,10 . 0,8285 | = 10,5 m³/m³ |
| Butan | 8,62 . 0,8285 | = 7,15 m³/m³ |
| Pentan | 2,59 . 0,8285 | = 2,15 m³/m³ |
| Hexan und höher | 0,86 . 0,8285 | = 0,71 m³/m³ |
| insgesamt: | | = 143,81 m³/m³ |

Mit Hilfe der Tabelle 23 (Abschnitt 4) berechnen wir das Gewicht der Gaskomponenten und ihr Volumen in der flüssigen Phase. Wir nehmen an, daß das gesamte Gas im Öl gelöst ist. Die Berechnung ist in Tabelle 2 zusammengefaßt.

Ein m³ Erdöl nimmt also unter Schichtverhältnissen 1,377 m³ ein und wiegt 976,3 kg. Da die Schichttemperatur aber über der kritischen für Äthan und Methan liegt, sind diese Gase im Schichtöl gelöst und nicht flüssig.

Tabelle 2

| Bezeichnung | Das Gewicht der einzelnen Gaskomponenten für 1m³ Erdöl, in kg | Volumen der Komponenten in flüssiger Phase für 1m³ Erdöl, in Liter |
|---|---|---|
| Methan | 109,0 . 0,714 = 77,82 | 109,0 . 2,26 = 246,3 |
| Äthan | 14,3 . 1,35 = 19,30 | 14,3 . 3,36 = 48,0 |
| Propan | 10,5 . 1,97 = 20,68 | 10,5 . 3,66 = 38,2 |
| Butan | 7,15 . 2,85 = 20,38 | 7,15 . 4,20 = 30,0 |
| Pentan | 2,15 . 3,22 = 6,92 | 2,15 . 4,85 = 10,4 |
| Hexan und höher | 0,71 . 3,81 = 2,70 | 0,71 . 5,49 = 3,9 |
| Erdöl | 828,50 | 1000,0 |
| insgesamt | 976,3 | 1376,8 |

Mit Hilfe der Abb. 6 wird das spezifische Gewicht des Gemisches aus Äthan und höheren Verbindungen bestimmt und dann für den erhaltenen Wert nach Abb. 7 das spezifische Gewicht des Schichtöls.

Die Rechnung verläuft folgendermaßen:

1. Das Gewicht der Komponenten ab Propan (siehe Tabelle 2) ist gleich 976,3 — (77,82 + 19,30) = 879,18.

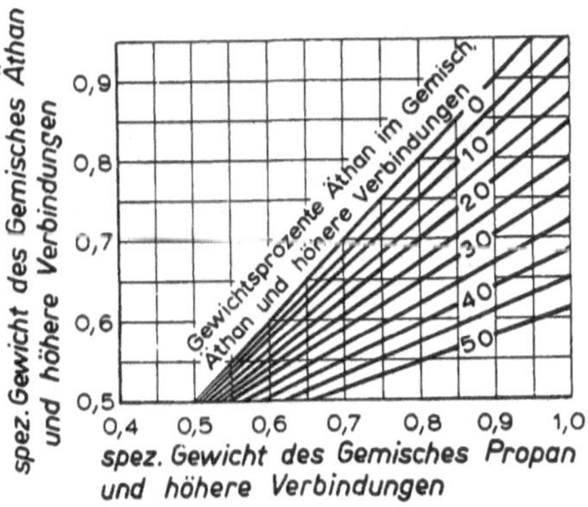


Abb. 6. Bestimmung des spezifischen Gewichts des Gemisches Äthan und höhere Verbindungen bei verschiedenen Gewichtsgehalten von Äthan im Gemisch

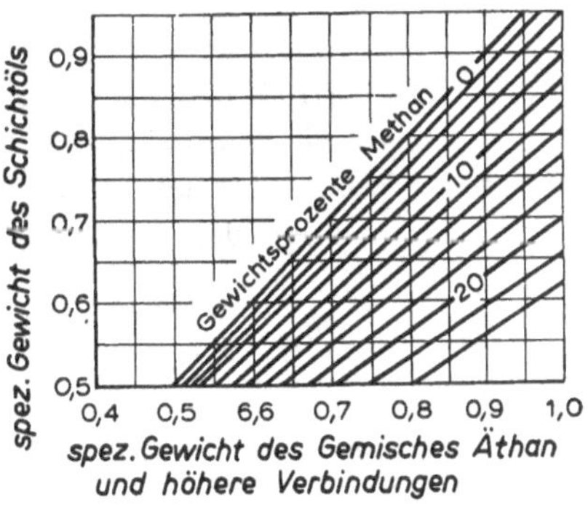


Abb. 7. Bestimmung des spezifischen Gewichtes des Schichtöls nach dem spezifischen Gewicht des Gemisches Äthan und höhere Verbindungen und nach der im Erdöl gelösten Methanmenge

Das Volumen dieser Komponenten:

1376,8 — (246,3 + 48,0) = 1082,5 Liter.

2. Somit ist das spezifische Gewicht der Mischung von Propan und höher:

$$\frac{879,18}{1082,5} \approx 0,8\,.$$

3. Der prozentuale Äthangehalt im Kohlenwasserstoffgemisch von Äthan und höher ist

$$\frac{19,3 \cdot 100}{976,3 - 77,82} \approx 2,15\,.$$

4. Mit Hilfe von Abb. 6 erhalten wir nach den errechneten Werten (spezifisches Gewicht des Gemisches 0,8 und Äthangehalt – 2,15%) das spezifische Gewicht des Gemisches Äthan plus höhere Verbindungen mit 0,786.

5. Zur Bestimmung des spezifischen Gewichts des Erdöls berechnen wir das prozentuale Gewichtsverhältnis des Methans zum Gemisch Methan + höher (die Angaben entnehmen wir aus Tabelle 2):

$$\frac{77,82 \cdot 100}{976,3} = 7,9\%\,.$$

6. Aus Abb. 7 bestimmen wir nach den berechneten Werten (spezifisches Gewicht des Gemisches 0,786, Methangehalt 7,9%) das spezifische Gewicht des Schichterdöls mit 0,720.

Am Ergebnis muß noch eine Korrektur für die Kompressibilität der Flüssigkeit und für ihre Temperaturausdehnung nach Abb. 8 und 9 vorgenommen werden.

Die Korrektur für die Kompressibilität ist bei einem spezifischen Erdölgewicht von 0,720 und einem Druck von 182,5 at (im betrachteten Beispiel ist der Schichtdruck 182,5 at) gleich 0,015. Das spezifische Gewicht des Erdöls ist also bei Berücksichtigung dieser Korrektur

$$0,720 + 0,015 = 0,735.$$

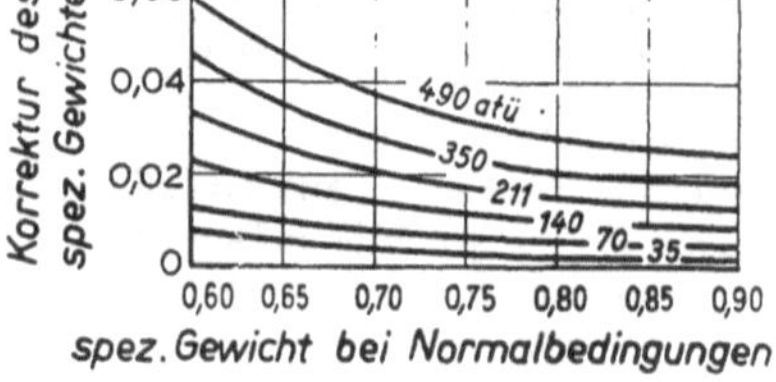


Abb. 8. Die Kompressibilität des Schichtöls. Die an der vertikalen Achse abgelesenen Korrekturwerte werden dem spezifischen Gewicht des Erdöls bei atmosphärischem Druck und einer Temperatur von 15,5° C hinzugefügt.

Aus Abb. 9 ermitteln wir die Korrektur für die mit der Temperatur zusammenhängende Ausdehnung des Schichtöls. Sie beträgt für die genannten Verhältnisse (spezifisches Gewicht 0,735, Schichttemperatur 65,5 °C) 0,041.

Das spezifische Gewicht des Schichtöls ist demnach

$$0{,}735 - 0{,}041 = 0{,}694.$$

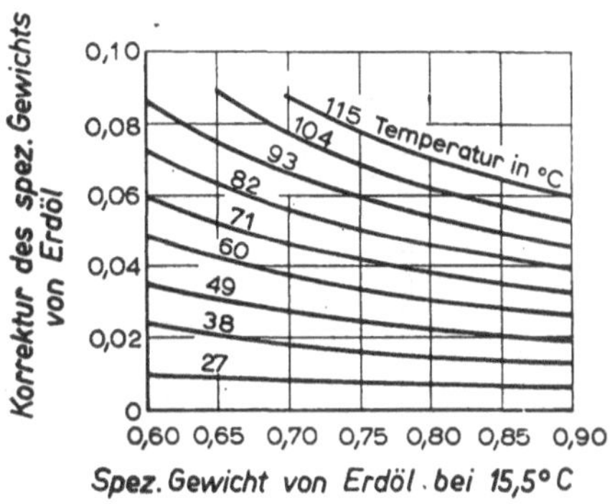


Abb. 9. Die Temperaturausdehnung des Erdöls. Die an der vertikalen Achse abgelesenen Korrekturwerte werden vom spezifischen Gewicht des Erdöls bei normalen atmosphärischen Bedingungen und einer Temperatur von 15,5 °C subtrahiert.

Berücksichtigt man, daß das Gewicht von 1 m³ Erdöl bei Schichtverhältnissen gleich 976,3 kg ist (siehe Tabelle 2), ist das Volumen

$$\frac{976{,}3}{0{,}694} \approx 1407 \text{ Liter}$$

und der Volumenausdehnungskoeffizient des Erdöls, berechnet nach den Angaben der Gasfraktionsanalyse, $u_e \approx 1{,}41$.

### 3.1182 Die Bestimmung des Volumenkoeffizienten des Schichtöls nach dem spezifischen Gewicht des Gases

Ist die genaue Gaszusammensetzung unbekannt, muß das Gasvolumen in flussiger Phase nach seinem spezifischen Gewicht bestimmt werden. Nehmen wir an, es stünden zur Bestimmung des Erdölvolumenkoeffizienten folgende Angaben zur Verfügung: das spezifische Gewicht des Gases – 1,031; das spezifische Gewicht des Erdöls — 0,86; das Gas-Öl-Verhältnis — 118 $m^3/m^3$; der Schichtdruck — 130 at; die Schichttemperatur – 42,2°C.

Wir suchen das scheinbare spezifische Gewicht des Gases in flüssiger Phase (scheinbares spezifisches Gewicht des Gases heißt das Verhältnis der Gewichtszunahme des Erdöls zu seiner Volumenzunahme infolge Lösung des Gases im Erdöl). Nach Abb. 10 bestimmen wir: bei einem spezifischen Gasgewicht von 1,031 (bezogen auf Luft) und einem

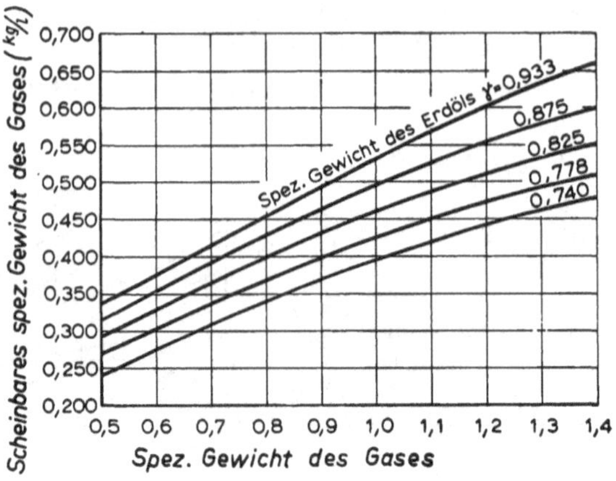


Abb. 10. Die Bestimmung des scheinbaren spezifischen Gewichts des Gases in flüssiger Phase

spezifischen Erdölgewicht von 0,86 ist das scheinbare spezifische Gewicht des Gases in flüssiger Phase gleich 0,485.

Das Gewicht des in 1 m³ Erdöl gelösten Gases beträgt:

$$118 \cdot 1{,}031 \cdot 1{,}22 = 148 \text{ kg},$$

wo 1,22 – die Luftdichte bei 760 mm Quecksilbersäule und 15,5 °C. Dann ist das Gasvolumen in der flüssigen Phase:

$$\frac{148}{0{,}485} = 305 \text{ Liter.}$$

Das spezifische Gewicht des Schichterdöls ist:

$$\frac{860 + 148}{1000 + 305} = 0{,}772.$$

Die Korrektur für den Druck ist unter den betrachteten Bedingungen (Schichtdruck – 130 at; spezifisches Gewicht des Erdöls 0,772) nach Abb. 8 gleich 0,009, das spezifische Gewicht des Erdöls also

$$0{,}772 + 0{,}009 = 0{,}781.$$

In Abb. 9 finden wir, daß sich bei einer Schichttemperatur von 42,2 °C das spezifische Gewicht für Erdöl (0,781) um 0,02 verringert, es ist also 0,761.

Das Schichtvolumen ist dann

$$\frac{860 + 148}{0{,}761} = 1325 \text{ Liter.}$$

Der Volumenausdehnungskoeffizient des Erdöls errechnet sich nach dem spezifischen Gewicht des Gases mit $u'_e = 1{,}325$.

Entsprechend den für den Volumenkoeffizienten des Schichtöls erhaltenen Werten: $u_e = 1{,}41$ und $u'_e = 1{,}325$ ist der Umrechnungskoeffizient

$$b = \frac{1}{1{,}41} = 0{,}71 \text{ und } b' = \frac{1}{1{,}325} = 0{,}76$$

und der Koeffizient für die Schrumpfung:

$$E = \frac{1{,}41 - 1}{1{,}41} = 0{,}29 \text{ und } E = \frac{1{,}325 - 1}{1{,}325} = 0{,}25\,.$$

Für die vollständige Charakteristik eines Erdöllagers ist die Entnahme und Untersuchung von Tiefenproben (aus der Schicht) des Erdöls von besonderer Bedeutung.

Die Volumen-Methode ist zur Berechnung von Erdölvorräten ungemein weit verbreitet und wird bei der überwiegenden Mehrheit der Erdöllagerstätten der UdSSR angewendet.

### 3.12 Die volumen-statistische Variante

Die volumen-statistische Variante wird zur Berechnung der Erdölvorräte einer bestimmten Schicht dann angewendet, wenn für eine analoge erschöpfte (abgebaute) Schicht Daten über die Koeffizienten der Erdölsättigung und der Abgabe vorliegen (deren Einzelbestimmung stets Schwierigkeiten bereitet), und zwar in Form ihres Produktes, das gewöhnlich als Koeffizient der Ausnutzung des Porenvolumens bezeichnet wird. In einem solchen Fall kann der nach der erschöpften Schicht berechnete Ausnutzungskoeffizient des Porenraumes in Analogie für die Schicht übernommen werden, deren Ölvorräte berechnet werden sollen.

Für die erschöpfte Schicht ist:

$$x = \frac{Q_1}{F_1\, m_1\, \varphi_1\, \gamma_1\, b_1}, \tag{12}$$

wo $x = \beta\,\eta$ – das Produkt aus Sättigungskoeffizient und Abgabekoeffizient (d. h. der Koeffizient der Ausnutzung des Porenvolumens) ist;

$Q_1, F_1, m_1, \varphi_1, \gamma_1, b_1$ – bereits bekannte Größen, deren Zahlenwerte für die abgebaute Schicht ermittelt wurden.

Die Rechenformel für die Erdölvorratsberechnung der betreffenden Schicht lautet dann:

$$F \cdot m \cdot \varphi \cdot x \cdot \gamma \cdot b. \tag{13}$$

$F$, $m$, $\varphi$, $\gamma$, $b$ werden in Übereinstimmung mit den konkreten Daten des untersuchten Horizontes gewählt, für den der aus dem abgebauten Horizont berechnete Wert $x$ in Analogie eingesetzt wird.

Bei der Anwendung der volumen-statistischen Variante ist besondere Aufmerksamkeit dem sorgfältigen geologischen Vergleich der Schicht, für die Vorräte berechnet werden, mit der abgebauten Schicht zu widmen, aus der der Koeffizient der Ausnutzung des Porenvolumens ermittelt wird. Dieser Vergleich muß die volle Übereinstimmung dieser Schichten hinsichtlich der allgemeinen und betriebsgeologischen Kennziffern ebenso wie ihrer Abbau- und Exploitationsbedingungen nachweisen.

### 3.13 Die Volumen-Gewichts-Variante

Diese Variante wird für Schichten mit Gravitationsregime angewendet, aus denen Erdöl bergmännisch gewonnen wird, ferner für Schichten, die im Tagebau abgebaut werden.

In diesem Falle wird der Erdölvorrat aus der Beziehung

$$Q = F\, m\, \beta \tag{14}$$

berechnet,

wo Q – die Bilanzvorräte an Erdöl [t];
$F$ – die produktive Fläche [$m^2$];
$m$ – die erdölgesättigte Schichtmächtigkeit [m];
$\beta$ – die im Labor für 1 $m^3$ Gestein ermittelte Erdölsättigung [t] sind.

Danach wird der Abgabekoeffizient $\eta$ in die Formel eingeführt, um die Größe des gewinnbaren Vorrates zu erhalten ($Q_{\text{gew.}} = Q\,\eta$).

Die Größe des Abgabekoeffizienten wird in der Praxis entsprechend der angewandten Methode des Abbaus und der Bearbeitung der erdölführenden Gesteine bestimmt.

### 3.14 Die Hektar-Variante

Das Wesen dieser Methode besteht in der Bestimmung der aus 1 ha produktiver Fläche und 1 m erdölgesättigter Mächtigkeit in einem abgebauten (erschöpften) Feld gewonnenen Vorräte und der nachfolgenden Extrapolation der erhaltenen Vorratszahlen auf eine analoge, geologisch ähnliche Fläche. Dazu wird für eine abgebohrte und erschöpfte Fläche (oder beinahe erschöpfte, wenn die Förderraten im Vergleich zur Anfangsrate äußerst niedrig sind) die gesamte Förderung aus allen Schichten und für die gesamte Exploitationsdauer ($Q_{\text{för.}}$) ausgerechnet. Dann wird die summarische effektive erdölgesättigte Mächtigkeit aller produktiven Horinzonte ($M$) und, als arithmetisches Mittel aus der Größe der produktiven Flächen aller industriell-ölführenden Horizonte, die mittlere produktive Fläche ($F$) in ha berechnet.

Der industrielle Vorrat auf 1 ha Fläche und 1 m Mächtigkeit des erschöpften Feldes ergibt sich aus der Beziehung:

$$\frac{Q_{\text{för.}}}{FM} = Q_s\,, \tag{15}$$

wo $Q_s$ – der aus der Lagerstätte erhaltene industrielle Vorrat pro ha Fläche und einer Mächtigkeit von 1 Meter ist.

Die Größe des Vorrates $Q_s$ kann in Analogie auf benachbarte, geologisch ähnliche Felder extrapoliert werden. Angenommen, die mögliche erdölführende Fläche sei nach den Ergebnissen der geologischen Kartierung für das benachbarte Gebiet gleich $F_1$ Hektar, die summarische effektive Mächtigkeit aller möglichen produktiven Horizonte gleich $M_1$ Meter, dann kann der industrielle Vorrat für diese Fläche durch folgende Beziehung ausgedrückt werden:

$$Q_{\text{för.}} = F_1\, M_1\, Q_s\,. \tag{16}$$

Es ist völlig klar, daß die Beurteilung der Vorräte irgendeiner neuen Fläche – wobei die Förderung pro Flächen- und Mächtigkeitseinheit einer abgebauten erdölführenden Fläche in Analogie auf die betrachtete übertragen wird – nur dann richtig sein kann, wenn zwischen diesen Flächen eine tiefe geologische Analogie besteht, die es gestattet, sie als geologisch übereinstimmend anzuerkennen.

Die Hektar-Variante wird gewöhnlich bei der Berechnung von Vorräten in niedrigen Kategorien angewendet.

### 3.15 Die Isolinien-Variante

Diese Methode wurde von F. N. Schkljarskij 1921 erstmalig für die Lipezker Eisenerzlagerstätten ausgearbeitet und praktisch angewendet. Später haben einzelne Geologen diese Methode manchmal als Variante der Volumen-Methode für die Berechnung von Erdölvorräten angewandt.

Das Wesen der Isolinien-Variante besteht in der Ausnutzung der Hauptkennziffern der Volumenformel und ihrer Darstellung durch Isolinien.

Die Hauptkennziffern der Volumenformel werden dabei entweder einzeln verwendet oder als Produkt einer Reihe von Kennziffern, die graphisch auf dem Bohrloch-Lageplan durch Isolinien dargestellt werden und den Gehalt an nutzbarem Bodenschatz ausdrücken.

Aus der Formel der Volumen-Methode $Q = F\, m \varphi\, \beta\, \eta\, \gamma\, b$ werden z. B. folgende Kennziffern genommen: das Produkt aus den Werten der betreffenden Bohrung $m \varphi\, \beta = \alpha$ und $\eta\, \gamma\, b = Q_s$, wobei $Q_s$ gewöhnlich für die ganze produktive Schicht konstant ist. Dann werden für $m\, \varphi \beta = \alpha$ Isolinien gezeichnet und die Mittelwerte zwischen den Isolinien ($\alpha$) mit der entsprechenden Fläche $f$ und dem Wert $Q_s$ multipliziert. Der Vorrat ist dann:

$$Q = Q_s \sum (f \alpha). \tag{17}$$

Es werden auch andere Varianten dieser Kombinationen angewendet, bis zur Konstruktion von Isolinienkarten für jedes einzelne Argument, wenn unzureichend faktisches Material vorhanden ist und keine Möglichkeit besteht, das Produkt dieser Daten unmittelbar in Isolinien darzustellen. Alle diese Varianten unterscheiden sich jedoch nicht grundsätzlich voneinander, und die Methodik zur Erlangung der Endvorratsziffer ist analog der oben dargelegten.

Die betrachtete Variante hat gegenüber der Volumenformel keine Vorteile für die Berechnung der Endziffern der Erdölvorräte. Nützlich ist lediglich die gesonderte Darstellung einzelner Argumente zur geologischen Charakteristik der Schicht, was gewöhnlich auch bei Anwendung der Volumen-Methode geschieht.

Die praktische Anwendung dieser Variante zeigte ihre folgenden Mängel:

1. Anschaulichkeit ist faktisch nicht gewährleistet (gerade dies wurde als Vorzug gegenüber der Volumenformel behauptet), da das Produkt aus beachtlich unterschiedlichen geologischen Kennziffern der Schicht (aus den Parametern $m$, $\varphi$ und $\beta$) ein und dieselbe Ziffer ergeben kann.
2. Es werden viele faktische Angaben benötigt (die gewöhnlich nicht einmal für die hohen Vorratsklassen vorliegen), da sonst alle Berechnungen auf durch Interpolation ermittelten Werten basieren müßten.
3. Fehler in den Bestimmungen einzelner Parameter vergrößern bei der Isolinien-Methode die Ungenauigkeit der Vorratsberechnung weit mehr als bei der Anwendung der Volumenformel, die Mittelwerte der Parameter enthält.
4. Der für ein gegebenes Feld berechnete Vorrat hängt vom Abbau der benachbarten Felder ab; die in Isolinien erhaltene Anschaulichkeit der Vorräte ist damit illusorisch.

Bei der Berechnung der Erdölvorräte wird im Grunde die Volumenformel angewandt, und die Isolinienvariante bietet nichts Neues. Selbst bei festen nutzbaren Bodenschätzen wird diese Methode kaum angewendet, da sie nicht anschaulich ist, umständliche graphische Konstruktionen erfordert und die Berechnung schwer zu kontrollieren ist, weil hierzu eine vollständige Neuberechnung der Vorräte notwendig ist. Diese Variante ist für Erdölvorratsberechnungen bei gestörten Strukturen und weitmaschigem Bohrnetz oder unzureichender Vollständigkeit der Angaben aus den Bohrungen untauglich, was leider fast immer infolge der Schwierigkeiten bei der Erlangung der Ausgangsdaten für Gas- und Öllagerstätten zutrifft. Einige Geologen geben sich bedauerlicherweise darüber keine Rechenschaft und versuchen, entgegen dem gesunden Menschenverstand, diese Variante, die so ernste Mängel aufweist, wieder zu beleben. Manchmal wird die Anwendung der Methode der Isolinien mit vorliegender schroffer Veränderlichkeit der Parameter begründet, wodurch angeblich die Berechnung der Mittelwerte erschwert sei. In einem solchen Falle, bei bedeutenden, sich schroff verändernden Parametergrößen, ist es besser, statt der Methode der Isolinien (die in diesem Falle äußerst ungenau ist) gesonderte Berechnungen nach der Volumenformel für die einzelnen Flächen durchzuführen, die durch entsprechende Werte des betreffenden Parameters charakterisiert werden.

## 3.2 Die statistische Methode

Die auf dem Studium der Kurven des Rückganges der Förderrate beruhende Methode der Berechnung von Erdöllagerstättenvorräten ist unter der Bezeichnung Kurven-Methode schon mehr als 45 Jahre bekannt. Seitdem jedoch bei der Konstruktion der Kurven des Rückganges der Förderraten in der Sowjetunion erstmalig die mathematische Statistik – zwecks Erreichung der notwendigen Genauigkeit – angewandt wurde, wird sie als statistische Methode bezeichnet.

Die Konstruktion der verschiedenen Arten von Kurven stützt sich auf das Studium des statistischen Materials über die Förderung in der Vergangenheit. Beim Studium dieser Unterlagen wird versucht, den Einfluß der einen oder anderen Faktoren auf die Förderrate zu ermitteln. Von den festgestellten Gesetzmäßigkeiten läßt man sich bei der Konstruktion der Kurven (sogenannter Exploitationskurven) und deren Extrapolation zur Bestimmung der zukünftigen möglichen Förderung und Berechnung der Erdölvorräte leiten.

Zur Ermittlung der Gesetzmäßigkeiten in der Veränderung der Förderraten und zur Konstruktion der Kurven werden die allgemein anerkannten Methoden der mathematischen Statistik angewendet.

Es ist also die Kenntnis der Grundlagen der Statistik erforderlich; ohne diese sind das Studium der verschiedenartigsten Beziehungen zwischen den Variablen und die Konstruktion der Kurven unmöglich.

Betrachten wir deshalb kurz die Anwendung der mathematischen Statistik bei der Berechnung von Erdöllagerstättenvorräten.

### 3.21 Die Anfertigung logarithmischer Korrelationstabellen

Bei der Erdölvorratsberechnung muß zur Ermittlung der Abhängigkeit zwischen zwei (und mehr) Veränderlichen in der Praxis häufig zur Anfertigung halblogarithmischer[1]) und logarithmischer[2]) Korrelationstabellen geschritten werden.

Die Verwendung von Korrelationstabellen, in denen die Veränderlichen in einer normalen Zahlenreihe der Verteilung zusammengefaßt sind, ist häufig sehr schwierig. Es treten zweierlei Schwierigkeiten auf.

Die Veränderlichkeitsbreite der Variablen ist manchmal so groß, daß bei kleinem Beobachtungsintervall die Tabelle sehr umfangreich wird. Eine Vergrößerung des Intervalles kann dabei unerwünscht sein, da bei ungleichmäßiger Verteilung der vorliegenden Daten der größere Teil von Intervallen entfallen und so die Beobachtung beträchtlich erschweren würde.

Die Gruppierung eines Tatsachenmaterials mit großer Veränderlichkeitsbreite in eine logarithmische Korrelationstabelle, bei der beide Variablen in logarithmischen Verteilungsreihen zusammengefaßt sind, oder in eine halblogarithmische Korrelationstabelle, bei der eine der Veränderlichen in einer logarithmischen, die andere in normaler Verteilungsreihe zusammengestellt sind, ermöglicht es, die genannten Unbequemlichkeiten zu vermeiden.

Tatsächlich kann mit einer zweifachen logarithmischen Korrelationstabelle, in der die Variablen in Reihen mit gleichen Intervallen der Logarithmen zusammengefaßt sind, die in weiten Grenzen schwankende Veränderung von Variablen bei einer weit geringeren Spaltenanzahl der Tabelle studiert werden als beispielsweise in Tabellen, bei denen die Variablen in normalen Reihen geordnet sind. Dieser Umstand beruht

[1]) Abszissen- oder ordinatenlogarithmische Tabellen und Kurven. (D. R.)
[2]) Zweifachlogarithmische, d. h. abszissen- und ordinatenlogarithmische. (D. R.)

darauf, daß bei ein und demselben Intervall der Logarithmen das Intervall bei großen Zahlen sehr, bei kleinen jedoch weniger aufnahmefähig ist.

Ist z. B. das Intervall der Logarithmen gleich 0,1, dann enthält das Intervall von 2,05–2,15 ein Zahlenintervall von 29 (von 112 bis 144); dem gleichen Intervall der Logarithmen, jedoch von 0,95–1,05, entspricht dagegen nur ein Zahlenintervall von 2,3 (nämlich von 8,9 bis 11,2).

Soll eine zwischen 10 und 1000 liegende Veränderlichkeit untersucht werden, würde bei einer Intervallgröße von 10 die Korrelationstabelle mit normalen Verteilungsreihen 100 Spalten haben. Die Veränderung der gleichen Variablen kann mit Hilfe einer logarithmischen Korrelationstabelle beobachtet werden, die bei einem Intervall von 0,1 nur 30 Spalten besitzt.

Die Notwendigkeit, bei der Erdölvorratsberechnung halblogarithmische und logarithmische Korrelationstabellen anzuwenden, wird noch durch folgende Überlegungen diktiert.

Bei der Erdölvorratsberechnung wird mit Hilfe von Kurven die Abhängigkeit zwischen den vorangegangenen und nachfolgenden monatlichen Förderraten festgestellt. Diese Abhängigkeit ist nicht linear, folglich drückt die entsprechende Formel der Kurve auch keine gerade Linie aus.

Die praktische Anwendung der Kurven-Methode hat gezeigt, daß die Kurven ihrer Form nach am häufigsten Exponentialkurven ähneln, die der Formel $y = ab^x$ entsprechen, oder einer Hyperbel mit der Formel $y = ax^{-b}$.

Das Logarithmieren dieser Gleichungen gibt im ersten Falle:

$$\lg y = \lg a + x \lg b, \text{ und im zweiten: } \lg y = \lg a - b \lg x.$$

Daraus ist zu ersehen, daß im ersten Falle durch lineare Abhängigkeit $\lg y$ und $x$, im zweiten $\lg y$ und $\lg x$ miteinander verbunden sind. Dieser Umstand gibt die Möglichkeit, durch Gegenüberstellung von $\lg y$ und $x$ im ersten Falle und $\lg y$ und $\lg x$ im zweiten die lineare Abhängigkeit dieser Größen zu erhalten.

Bei der Berechnung von Erdölvorräten nach der Kurven-Methode können die in Normalkoordinaten konstruierten Abhängigkeitskurven nur durch logarithmische oder halblogarithmische Koordinaten in Gerade verwandelt werden. Diese Umwandlung erfolgt automatisch durch Eintragung der Ausgangsdaten in logarithmische oder halblogarithmische Korrelationstabellen.

Bei der Bestimmung der Korrelationskoeffizienten nach solchen Tabellen ist jedoch zu beachten, daß der logarithmische Korrelationskoeffizient ($r_{\lg y \cdot \lg x}$) erhalten wurde, d. h. der Korrelationskoeffizient für die Logarithmen der Variablen und nicht für die Variablen selbst. Genauso erhalten wir bei der Berechnung der Mittelwerte für jedes Intervall nicht das arithmetische, sondern das geometrische Mittel, ferner die lineare Abhängigkeit zwischen den Logarithmen der Variablen und den wahrscheinlichen Kurvenfehler in Logarithmen. Daß die Kennwerte in Zahlen durch Kennwerte in Logarithmen ersetzt werden, bringt für die Rechnung keine Unbequemlichkeit, da zwischen den Variablen und ihren logarithmischen Funktionen ein exakter mathematischer Zusammenhang besteht, der es ohne Mühe erlaubt, für den Logarithmus den entsprechenden Zahlenwert zu finden.

Gehen wir nun zur Darlegung der Methode der Konstruktion logarithmischer und halblogarithmischer Korrelationstabellen der Abhängigkeit zwischen den Variablen über. Die Methode der Zusammenstellung logarithmischer Korrelationstabellen unterscheidet sich kaum von der Zusammenstellung gewöhnlicher Korrelationstabellen der Abhängigkeit zwischen zwei Variablen. Wie üblich wird eine bestimmte Größe des Intervalles angenommen, allerdings nicht in Zahlen, sondern in Logarithmen. Wie die Praxis der Zusammenstellung logarithmischer Korrelationstabellen zeigte, ist es hinsichtlich der Aufnahmefähigkeit zweckmäßig, 0,1 als Intervall der Logarithmen zu wählen.

Die Berechnung von Erdölvorräten nach der Kurven-Methode sieht die Konstruktion der wahrscheinlichen Ergiebigkeitskurve vor. Diese Kurve gestattet es, nach der bekannten vorausgegangenen Förderrate $q'$ die darauffolgende Förderrate $q''$ zu bestimmen. Konstruiert wird die Kurve mit Hilfe einer Korrelationstabelle.

Die Betrachtung der praktischen Zusammenstellung von Korrelationstabellen beginnen wir mit einer vollständigen logarithmischen Korrelationstabelle.

Nachdem eine bestimmte Aufnahmefähigkeit des Logarithmenintervalls festgelegt worden ist, wird die Anzahl der Spalten der Korrelationstabelle bestimmt, wobei von den maximalen und minimalen Werten der Glieder der vorhandenen Zahlenreihe ausgegangen wird.

Nehmen wir zum Beispiel an, der maximale Zahlenwert (Förderrate) aller vorausgegangenen und folgenden Glieder der betrachteten Reihe betrage 138 t, der minimale 9 t.

Die Spaltenanzahl der in Logarithmen zusammengestellten Korrelationstabelle wird aus den Logarithmen der maximalen und minimalen Zahlenwerte und ihrer Differenz ermittelt:

$$\begin{array}{r} \lg 138 = 2{,}14 \\ \lg \quad 9 = 0{,}95 \\ \hline 1{,}19 \end{array}$$

Die Spaltenanzahl wird durch Division der Differenz aus Maximal- und Minimalwert (in Logarithmen) mit dem angenommenen Intervall erhalten.

In unserem Beispiel ist die Spaltenanzahl der logarithmischen Korrelationstabelle somit gleich

$$1{,}19 : 0{,}1 \approx 12 \text{ Spalten.}$$

Jetzt kann mit dem Zeichnen der Tabelle begonnen werden (Tabelle 3). Wie aus Tabelle 3 ersichtlich, besteht der Kopf der horizontalen und vertikalen Spalten jeweils aus drei Reihen. Die mittlere enthält in beiden Fällen das Zahlenintervall in Logarithmen. Da es wünschenswert ist, in der Reihe mit den mittleren Logarithmenwerten (im Kopf der horizontalen Spalten – links, im Kopf der vertikalen Spalten – oben) ganze Zahlen zu haben, ist es vorteilhaft, die Zahlenintervalle so zu wählen, daß ihr Mitttel eine ganze Zahl ergibt. Wenn zum Beispiel die kleinste Zahl der betrachteten Reihe einen Logarithmus von 0,95 hat, ist bei einem Logarithmenintervall von 0,1 die minimale Klassenbreite von 0,95 bis 1,05 zu nehmen. Das ergibt einen mittleren Logarithmus von 1,0. Unter Beibehaltung des angenommenen Logarithmenintervalls werden die Logarithmenklassenbreiten und die mittleren Logarithmen in die betr. Säulen des Tabellenkopfes eingetragen, wie in Tabelle 3 gezeigt ist. Zur bequemeren Eintragung der faktischen Daten wird in die logarithmische Tabelle neben der Säule „Grenzwerte der Klassenbreite in Logarithmen" noch eine Säule (im Kopf der horizontalen Spalten – rechts, im Kopf der vertikalen – unten) für die Grenzwerte der Klassenbreite in Zahlen aufgenommen, die Antilogarithmen der logarithmischen Grenzwerte. Diese Spalte gestattet es, die vorhandenen Daten ohne deren vorherige logarithmische Umwandlung in die Korrelationstabelle einzutragen.

Die Eintragung der Daten in logarithmische Tabellen unterscheidet sich in keiner Weise von der in gewöhnliche Korrelationstabellen, bei denen die Variablen zu normalen Zahlenreihen zusammengefaßt sind.

Die Bestimmung der mittleren Werte $\lg \bar{q}''$ für jedes Intervall $\lg' q'$ und der Mittelwerte $\lg \bar{q}'$ für jedes Intervall $\lg q''$ zur Konstruktion von

Tabelle 3

| vorausgegangene Förderrate $q'$ \ nachfolgende Förderrate $q''$ | | Mittlere Logarithmen | 2,1 | 2,0 | 1,9 | 1,8 | 1,7 | 1,6 | 1,5 | 1,4 | 1,3 | 1,2 | 1,1 | 1,0 | Die mittlere nachfolgende Förderrate in Logarithmen $q''$ |
|---|---|---|---|---|---|---|---|---|---|---|---|---|---|---|---|
| | | Grenzwerte der Klassenbreite in Logarithmen | 2,15–2,05 | 2,05–1,95 | 1,95–1,85 | 1,85–1,75 | 1,75–1,65 | 1,65–1,55 | 1,55–1,45 | 1,45–1,35 | 1,35–1,25 | 1,25–1,15 | 1,15–1,05 | 1,05–0,95 | |
| mittlere Logarithmen | Grenzwerte der Klassenbreite in Logarithmen | Grenzwerte der Klassenbreite in Zahlen \ Grenzwerte der Klassenbreite in Zahlen | 141 — 112 | 111,9 — 89 | 88,9 — 71 | 70,9 — 56 | 55,9 — 45 | 44,9 — 35 | 34,9 — 28 | 27,9 — 22 | 21,9 — 18 | 17,9 — 14 | 13,9 — 11 | 10,9 — 9 | |
| 2,1 | 2,15–2,05 | 141 — 112 | | | | | | | | | | | | | |
| 2,0 | 2,05–1,95 | 111,9— 89 | | | | | | | | | | | | | |
| 1,9 | 1,95–1,85 | 88,9— 71 | | | | | | | | | | | | | |
| 1,8 | 1,85–1,75 | 70,9— 56 | | | | | | | | | | | | | |
| 1,7 | 1,75–1,65 | 55,9— 45 | | | | | | | | | | | | | |
| 1,6 | 1,65–1,55 | 44,9— 35 | | | | | | | | | | | | | |
| 1,5 | 1,55–1,45 | 34,9— 28 | | | | | | | | | | | | | |
| 1,4 | 1,45–1,35 | 27,9— 22 | | | | | | | | | | | | | |
| 1,3 | 1,35–1,25 | 21,9— 18 | | | | | | | | | | | | | |
| 1,2 | 1,25–1,15 | 17,9— 14 | | | | | | | | | | | | | |
| 1,1 | 1,15–1,05 | 13,9— 11 | | | | | | | | | | | | | |
| 1,0 | 1,05–0,95 | 10,9— 9 | | | | | | | | | | | | | |

Kurven erfolgt wie die Bestimmung dieser Werte in gewöhnlichen Korrelationstabellen, nur werden alle Manipulationen hier mit Logarithmen ausgeführt.

Bei der Bestimmung der mittleren Werte lg $\bar{q}'$ und lg $\bar{q}''$ ist folgendes zu beachten. Bei der Berechnung von $\bar{q}'$ und $\bar{q}''$ aus einer Korrelationstabelle, bei der die Intervalle zwischen den Variablen in Ziffern angegeben sind, müssen diese Mittelwerte als arithmetisches Mittel bestimmt werden; anders bei der Berechnung der Mittelwerte für die Variablen q′ und q″ aus logarithmischen Korrelationstabellen.

Die Mittelwerte werden nach folgendem Schema berechnet:

$$\lg \bar{x} = \frac{\lg x_1 + \lg x_2 + \cdots + \lg x_n}{n}, \tag{18}$$

$$\bar{x} = \text{anti} \lg \bar{x};$$

$$\lg \bar{y} = \frac{\lg y_1 + \lg y_2 + \cdots + \lg y_n}{n}, \tag{19}$$

$$\bar{y} = \text{anti} \lg \bar{y}.$$

Das geometrische Mittel der Zahlen $\bar{y}$ wird bekanntlich folgendermaßen berechnet:

$$\bar{y} = \sqrt[n]{y_1 \cdot y_2 \cdot y_3 \cdots y_n}, \tag{20}$$

$$\text{weiter } \lg \bar{y} = \frac{\lg y_1 + \lg y_2 + \lg y_3 + \cdots \lg y_n}{n},$$

$$\text{woraus } \bar{y} = \text{anti} \lg \bar{y}.$$

Die erhaltenen Ergebnisse zeigen, daß bei der Bestimmung von Mittelwerten der Variablen aus der logarithmischen Korrelationstabelle nicht das arithmetische, sondern das geometrische Mittel erhalten wird. Es ist aber bekannt, daß das geometrische Mittel stets kleiner ist als das aus denselben Daten ermittelte arithmetische Mittel.

Dieser Umstand wirkt sich auf die Abhängigkeitskurve aus, wenn diese nach den Daten der logarithmischen Korrelationstabelle konstruiert wird, d. h. nach den geometrischen Mittelwerten der Variablen.

Der geometrische Mittelwert einer Variablen, der aus der logarithmischen Korrelationstabelle bestimmt worden ist, gehört zum mittleren Logarithmus der anderen Veränderlichen. Der Antilogarithmus des mittleren Logarithmus der zweiten Variablen ist jedoch auch das geometrische Mittel des betreffenden Intervalls (als Antilogarithmus der halben Summe aus den äußersten Klassenwerten). Folglich ist die Zugehörigkeit des geometrischen Mittels einer Veränderlichen zum Mittelwert des Intervalls der anderen Variablen im Grunde die Zugehörigkeit eines geometrischen Mittels zum anderen. Sind die Intervalle der Variablen in Logarithmen gleich groß, bezieht sich das kleinere (im Vergleich zum arithmetischen) geometrische Mittel auf ein anderes, um ebensoviel kleineres (im Vergleich zum arithmetischen) geometrisches Mittel.

Werden zwei Kurven gezeichnet, eine für das arithmetische und eine für das geometrische Mittel ein und derselben Reihe der Variablen, so zeigt sich, daß die Kurve des geometrischen Mittels sich mit der Kurve des arithmetischen Mittels deckt, alle Punkte der ersten Kurve werden jedoch hinsichtlich der Punkte der zweiten in Richtung der kleinsten $x$- und $y$- Werte verschoben.

Folglich können bei vollständigen logarithmischen Tabellen die Abhängigkeitskurven $\bar{y}$ von $x$ oder $\bar{x}$ von $y$ nach den geometrischen Mittelwerten $\bar{y}$ oder $\bar{x}$ bestimmt werden, mit anschließender Umwandlung der Logarithmen in Zahlenwerte.

### 3.22 Das Glätten der erhaltenen Abhängigkeitskurven

Die mit Hilfe von Korrelationstabellen konstruierten Abhängigkeitskurven sind in der Regel gebrochene Linien. Knicke in den erhaltenen Kurven sind auf einige bei der Untersuchung nicht berücksichtigte Faktoren zurückzuführen, die auf die betrachtete Abhängigkeit einwirken. Das Verhalten der gebrochenen Kurven deutet lediglich auf den allgemeinen Charakter der Beziehungen zwischen den untersuchten Veränderlichen hin.

Zur Interpolation und besonders zur Extrapolation der Kurven müssen diese erst „geglättet", d. h. zur vorliegenden tatsächlichen gebrochenen Linie die ihr am nächsten kommende theoretische Kurve gefunden werden. Die Frage nach der Form dieser theoretischen Kurve, die der vorliegenden tatsächlichen Kurve am besten entspricht, wird durch statistische Methoden nicht beantwortet. Anders ausgedrückt, die Form der Beziehungen zwischen den Variablen (Gerade, Parabel, Hyperbel u. a.) kann nicht mit statistischen Methoden ermittelt werden.

In erster Annäherung kann die Form der Beziehungen zwischen den Variablen praktisch dadurch bestimmt werden, daß die erhaltenen mittleren Punkte in eine grafische Darstellung mit verschiedenen Koordinatenachsen eingetragen werden ($x$–$y$; $x$–lg $y$; $y$–lg $x$; lg $x$–lg $y$), wobei als Form der Beziehungen zwischen den Variablen $x$ und $y$ jene Verbindung genommen wird, bei der in der grafischen Darstellung die Punkte mehr oder weniger exakt auf einer Geraden liegen.

Wenn sich die vorliegenden mittleren Punkte in einer der Grafiken (z. B. mit den Achsen lg $x$ – lg $y$) in einer Geraden anordnen, können wir berechtigt annehmen, daß zwischen den untersuchten Variablen eine parabolische Abhängigkeit besteht. Wenn so die Form der Beziehungen zwischen den Veränderlichen bestimmt worden ist, kann nach den unten angeführten Verfahren die theoretische Formel dieser Abhängigkeit gefunden werden.

Nicht immer beantwortet jedoch die Eintragung der erhaltenen Punkte in grafischen Darstellungen mit verschiedenen Koordinationsachsen die Frage nach der Form der Beziehungen zwischen den untersuchten Variablen. Häufig ordnen sich in keiner einzigen grafischen Darstellung die erhaltenen Punkte zu einer Geraden. In diesem Falle, wenn es keine anderen Hinweise über die Verbindung zwischen den untersuchten Variablen gibt, muß auf die Anwendung theoretischer Formeln verzichtet und die erhaltene Kurve lediglich nach der sogenannten Methode des gleitenden Mittels geglättet werden. Das Glätten tatsächlicher Kurven nach der Methode des gleitenden Mittels schließt die Möglichkeit der Anwendung der geglätteten Kurven zur Extrapolation aus, da in diesem Falle die Gesetzmäßigkeit der Veränderung der untersuchten Variablen jeweils für die äußersten Punkte der tatsächlichen Kurve unbekannt ist.

### 3.23 Das Glätten mit Hilfe des gleitenden Mittels

Das Glätten mit Hilfe des gleitenden Mittels geschieht durch die Berechnung der mittleren Ordinate (oder Abszisse) aus 3, 5, 7 aufeinanderfolgenden Ordinaten- (oder Abszissen-)werten der tatsächlichen Kurve, wobei die mittlere Ordinate (Abszisse) dem Mittelwert der Abszisse (Ordinate) zugeordnet wird.

Als Beispiel „glätten" wir eine tatsächliche Kurve der Abhängigkeit $q''$ von $q'$ entsprechend den in Tabelle 4 angegebenen Daten. Sie sind willkürlich gewählt (in Übereinstimmung mit der Methodik, die bei der Zusammenstellung von Tabelle 3 erläutert wurde). Die Abhängigkeiten $q'$ von $q''$ sind der Bequemlichkeit halber in einfachen Zahlen und nicht in Logarithmen angegeben.

Tabelle 4

| voraus-gegangene Förderrate $q'$ | mittlere nachfolgende Förderrate $\bar{q}''$ | nachfolgende Förderrate $\bar{q}''$, geglättet nach der Methode des gleitenden Mittels | voraus-gegangene Förderrate $q'$ | mittlere nachfolgende Förderrate $\bar{q}''$ | nachfolgende Förderrate $\bar{q}''$, geglättet nach der Methode des gleitenden Mittels |
|---|---|---|---|---|---|
| 115 | 66,2 | — | 55 | 30 | 33,5 |
| 105 | 65 | 60,9 | 45 | 30 | 26,6 |
| 95 | 51,6 | 55,5 | 35 | 20 | 21,6 |
| 85 | 50 | 47,2 | 25 | 15 | 15,5 |
| 75 | 40 | 43,3 | 15 | 11,6 | 10,5 |
| 65 | 40 | 36,6 | 5 | 5 | — |

Dem Mittelwert der Ordinate $q' = 105$ entspricht nach der Methode des gleitenden Mittels aus Spalte 3 ein Mittelwert der Abszisse von

$$\frac{66{,}2 + 65 + 51{,}6}{3} = 60{,}9\,.$$

Für die Ordinate $q' = 95$ beträgt der Mittelwert der Abszisse

$$\frac{65 + 51{,}6 + 50}{3} = 55{,}5$$

usw.

Bei der Berechnung des Mittelwertes der Abszisse, welcher der zweiten Ordinate entspricht, wird folglich das arithmetische Mittel aus den 1., 2. und 3. aufeinanderfolgenden Abszissenwerten der vorliegenden Kurve errechnet. Zur Bestimmung des Mittelwertes der Abszisse, welcher der dritten Ordinate entspricht, – das arithmetische Mittel aus den 2., 3. und 4. aufeinanderfolgenden Abszissenwerten usw.

In gleicher Weise kann die Glättung mit Hilfe des gleitenden Mittels aus 5, 7, 9 und einer beliebigen anderen ungeraden Anzahl Abszissen- (Ordinaten-) werten erfolgen, indem man den ersten Mittelwert der Abszisse (Ordinate) entsprechend dem dritten, fünften, siebenten usw. Mittelwert der Ordinate (Abszisse) zuordnet. Dabei ist jedoch zu bedenken, daß die Erhöhung der Anzahl Koordinatenwerte, aus denen das Mittel bestimmt wird, zu einem Verlust zahlreicher Punkte am Anfang und am Ende der Kurve führt und die Vorstellung über den tatsächlichen Charakter der Verbindung zwischen den Variablen entstellen kann.

Denn wenn das gleitende Mittel aus drei Werten bestimmt wird, bezieht sich das erste Mittel der Abszisse auf das zweite Mittel der Ordinate und das letzte Mittel der Abszisse auf das vorletzte Mittel der Ordinate, d. h., der erste und letzte Punkt gehen verloren. Bei der Konstruktion der geglätteten Kurve stehen folglich zwei Punkte weniger zur Verfügung als bei der Konstruktion der ursprünglichen Kurve.

### 3.24 Das Glätten mit Hilfe theoretischer Formeln

Das Glätten der tatsächlichen Kurven mit Hilfe theoretischer Formeln beruht auf der Anwendung der Methode der kleinsten Quadrate. Nach dieser Methode ersetzt diejenige theoretische Kurve am besten eine vorliegende tatsächliche, wenn sie folgende Bedingung erfüllt: Die Summe der Quadrate aller Ordinatenabweichungen der tatsächlichen Kurve von der geeignetsten theoretischen Kurve ist minimal. In Abb. 11 ist eine solche geeignetste Gerade dargestellt, für die folgende Bedingung zutrifft:

$$\Sigma[(S_1 - s_1)^2 + (S_2 - s_2)^2 + \ldots + (S_n - s_n)^2] = \min,$$

wo $S$ – die Ordinaten der geglätteten Kurve;
$s$ – die Ordinaten der ursprünglichen Kurve sind.

Nachdem mit Hilfe des bereits genannten Verfahrens die Form der Beziehungen zwischen den Veränderlichen festgestellt worden ist, läuft die Aufgabe der Ermittlung der statistischen Abhängigkeit zwischen ihnen auf die Bestimmung der Parameter der Gleichungen hinaus, die diesen Zusammenhang ausdrücken.

Dazu werden nach der Methode der kleinsten Quadrate zwei normale Gleichungen aufgestellt, deren Auflösung die Bestimmung der gesuchten Parameter der Gleichung für die geeignetste Kurve ermöglicht.

Ohne die theoretischen Grundlagen dieser Methode zu berühren, die in mathematischen Lehrbüchern dargelegt werden, betrachten wir an Beispielen ihre praktische Anwendung.

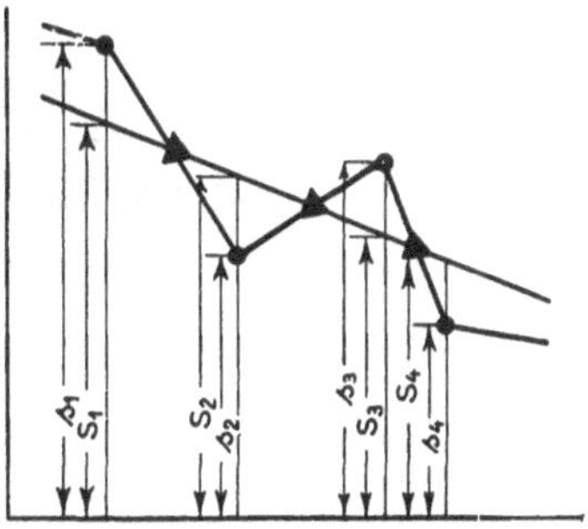


Abb. 11. Das Verhältnis der tatsächlichen Kurve zu der für sie geeignetsten theoretischen Kurve

## 3.241 Das Glätten nach der Formel der Geraden

In diesem Falle liegen – wenn die Form der Beziehungen mit Hilfe graphischer Methoden ermittelt wird – die Punkte der tatsächlichen Kurve im rechtwinkligen (kartesischen) Koordinatensystem ($x$, $y$) fast auf einer geraden Linie, die nicht durch den Koordinatenursprung verläuft.

Dieser Umstand erlaubt die Annahme, daß zwischen den untersuchten Variablen eine lineare Abhängigkeit besteht. Die Glättung der Kurve kann also nach der Formel der Geraden erfolgen:

$$y = a + b\,x.$$

Zur Berechnung der Parameter $a$ und $b$ mit Hilfe der Methode der kleinsten Quadrate stellen wir auf folgendem empirischem Wege zwei normale Gleichungen auf:

1. Wir schreiben die Ausdrücke auf, mit denen die Parameter der Gleichung multipliziert werden; das sind in unserem Beispiel: 1 und $x$.
2. Wir multiplizieren nacheinander die Gleichung der Geraden mit diesen Ausdrücken und setzen vor jeden Summanden der neuen Gleichungen das Zeichen $\Sigma$, wobei die gesuchten Parameter $a$ und $b$ vor dieses Zeichen gebracht (ausgehoben) werden. Der Summand $\Sigma a = n \cdot a$, wo $n$ der Anzahl Ordinaten der zu glättenden Kurve entspricht.

Wir haben dann folgendes Gleichungspaar:

$$\left.\begin{aligned} \Sigma y &= na + b\,\Sigma x \\ \Sigma xy &= a\,\Sigma x + b\,\Sigma x^2 \end{aligned}\right\}. \tag{22}$$

Als Beispiel für das Glätten nach der Formel der Geraden nehmen wir die in Tabelle 5 angeführten Daten.

Tabelle 5

| $x$ | 1 | 2 | 3 | 4 |
|---|---|---|---|---|
| $y$ | 8 | 7 | 5 | 6 |

Zur Ermittlung der Parameter der geeignetsten Geraden und zur Auflösung der Gleichungen stellen wir eine Tabelle zusammen (Tabelle 6).

Tabelle 6

| $x$ | $y$ | $x^2$ | $x\,y$ | geglättetes (ausgerechnetes) $y^*$ |
|---|---|---|---|---|
| 1 | 8 | 1 | 8 | 7,7 |
| 2 | 7 | 4 | 14 | 6,9 |
| 3 | 5 | 9 | 15 | 6,1 |
| 4 | 6 | 16 | 24 | 5,3 |
| $\Sigma$ 10 | 26 | 30 | 61 | — |

Anmerkung: $x$ – die Abzissen der Punkte der tatsächlichen Kurve;
$y$ – die Ordinaten der Punkte der tatsächlichen Kurve;
$x^2$ – die Quadratur der Abszissenpunkte der tatsächlichen Kurve;
$xy$ – das Produkt aus Abszissen- und Ordinatenwerten;
$y^*$ – die nach der Formel berechneten theoretischen Ordinatenwerte.
Die angenommene Punktzahl der tatsächlichen Kurve $n = 4$.

Setzen wir in die Gleichung (22) die Daten der Tabelle 6 ein, erhalten wir:

$$\begin{aligned} 26 &= \ \,4a + 10b \\ 61 &= 10a + 30b \end{aligned}$$

Durch Auflösung der Gleichung erhalten wir

$$a = 8{,}5, \qquad b = -0{,}8.$$

Die gesuchte Gleichung der Geraden ist dann:

$$y = 8{,}5 - 0{,}8\,x. \tag{23}$$

Setzen wir in diese Gleichung nacheinander die Werte $x = 1, 2, 3, 4$ ein, so erhalten wir die geglätteten Werte $y^* = 7{,}7; 6{,}9; 6{,}1$ und $5{,}3$.

Die Gleichung (23) ermöglicht sowohl die Interpolation (d. h. die Bestimmung von Werten der Abszisse zwischen den tatsächlichen) als auch die Extrapolation (Bestimmung von Abzissenwerten, die jenseits der tatsächlichen Werte liegen). Im ersten Falle wird $x$ als Zwischenwert der vorhandenen Werte genommen, im zweiten – größer oder kleiner als der maximale oder minimale tatsächliche Wert.

### 3.242 Das Glätten nach der Formel der Exponentialkurve

Angenommen, die Punkte der tatsächlichen Kurve lägen nicht im rechtwinkligen Koordinatensystem, sondern in einem System halblogarithmischer Koordinaten annähernd auf einer geraden Linie. Das entspricht offensichtlich der Exponentialformel:

$$y = a\,b^x.$$

Beim Logarithmieren dieser Gleichung erhalten wir tatsächlich den Ausdruck $\lg y = \lg a + x \lg b$, in dem $x$ und $\lg y$ linear miteinander verbunden sind. Von dieser linearen Abhängigkeit $x$ und $\lg y$ gehen wir aus, wenn wir, wie im vorigen Beispiel, zwei normale Gleichungen aufstellen:

$$\left.\begin{aligned} \Sigma(\lg y) &= n \lg a + \lg b\, \Sigma x \\ \Sigma(x \lg y) &= \lg a\, \Sigma x + \lg b\, \Sigma x^2 \end{aligned}\right\}. \tag{24}$$

Die benötigten tatsächlichen Daten entnehmen wir Tabelle 7.

Tabelle 7

| $x$ | 1 | 2 | 3 | 4 |
|---|---|---|---|---|
| $y$ | 30 | 21 | 15 | 12 . |

Zur Auflösung der Gleichungen stellen wir eine Hilfstabelle zusammen (Tabelle 8):

Tabelle 8

| $x$ | $y$ | $\lg y$ | $x^2$ | $x \lg y$ | geglättetes $y^*$ |
|---|---|---|---|---|---|
| 1 | 30 | 1,477 | 1 | 1,477 | 29,1 |
| 2 | 21 | 1,322 | 4 | 2,644 | 21,4 |
| 3 | 15 | 1,176 | 9 | 3,528 | 15,7 |
| 4 | 12 | 1,080 | 16 | 4,320 | 11,5 |
| $\Sigma$10 | – | 5,055 | 30 | 11,969 | – |

Anmerkung: Die angenommene Punkteanzahl der tatsächlichen Kurve $n = 4$.

Setzen wir die Daten aus Tabelle 8 in die Gleichungen (24) ein, erhalten wir:

$$5{,}055 = 4 \lg a + 10 \lg b$$
$$11{,}969 = 10 \lg a + 30 \lg b,$$

und hieraus

$$\lg a = 1{,}598; \quad \lg b = -0{,}134.$$

Mit diesen Parametern läßt sich die Gleichung in endgültiger Form schreiben:

$$\lg y = 1{,}589 - 0{,}134\, x \quad \text{oder}$$
$$y = 38{,}7\ (1{,}36)^{-x}.$$

Diese Formel gestattet wie im vorigen Beispiel sowohl die Interpolation als Extrapolation der Punkte.

### 3.243 Das Glätten nach der Formel der Hyperbel oder Parabel

Im betrachteten Beispiel liegen die Punkte der tatsächlichen Kurve nur im System der logarithmischen Koordinaten annähernd auf einer geraden Linie. Das kann offensichtlich den Gleichungen entsprechen:

$$y = a\, x^{-b} \qquad \text{oder } y = a\, x^{b}.$$

Durch Logarithmieren erhalten wir tatsächlich:

$$\lg y = \lg a \pm b \lg x,$$

wo $\lg y$ und $\lg x$ voneinander linear abhängig sind.

Analog dem vorigen Beispiel stellen wir zwei normale Gleichungen auf:

$$\left.\begin{aligned} \Sigma \lg y &= n \lg a \pm b\, \Sigma \lg x \\ \Sigma (\lg x \lg y &= \lg a\, \Sigma \lg x \pm b\, \Sigma (\lg x)^2 \end{aligned}\right\}. \tag{25}$$

Wir benutzen die Daten der Tabelle 9.

Tabelle 9

| $x$ | 2 | 3 | 4 | 5 |
|---|---|---|---|---|
| $y$ | 6 | 4 | 3 | 2 |

Zur Lösung der Gleichungen stellen wir eine Hilfstabelle zusammen (Tabelle 10).

Tabelle 10

| $x$ | $y$ | $\lg x$ | $\lg y$ | $(\lg x)^2$ | $\lg x \lg y$ | geglättetes $y^*$ |
|---|---|---|---|---|---|---|
| 2 | 6 | 0,302 | 0,778 | 0,092 | 0,236 | 6,4 |
| 3 | 4 | 0,478 | 0,602 | 0,231 | 0,288 | 3,9 |
| 4 | 3 | 0,602 | 0,478 | 0,362 | 0,288 | 2,76 |
| 5 | 2 | 0,699 | 0,302 | 0,489 | 0,210 | 2,10 |
| – | – | $\Sigma$ 2,081 | 2,160 | 1,174 | 1,022 | – |

Durch Einsetzen der Daten aus Tabelle 10 in die Gleichung (25) erhalten wir:

$$2{,}16 = 4 \lg a + 2{,}081\, b$$

$$1{,}022 = 2{,}081 \lg a + 1{,}174\, b,$$

und hieraus:

$$\lg a = 1{,}171; \quad a = 14{,}8; \quad b = -1{,}211.$$

Die Gleichung lautet dann:

$$\lg y = 1{,}71 - 1{,}211 \lg x \quad \text{oder}$$

$$y = 14{,}8\, x^{-1{,}211}.$$

Wir untersuchten Beispiele des Glättens tatsächlicher Kurven, bei denen die Veränderung der Variablen dem Gesetz der Geraden, der Exponentialkurve und der Parabel (oder Hyperbel) folgt.

In allen angeführten Beispielen der Bestimmung der geeignetsten theoretischen Kurven war unterstellt worden, daß die Ordinaten der tatsächlichen Kurven gleichwertig sind, d. h. aus der gleichen Anzahl faktischer Daten berechnet worden sind.

Die Analyse von Korrelationstabellen, auf deren Grundlage die tatsächlichen Abhängigkeitskurven konstruiert werden, zeigt, daß die Anzahl der Werte zur Berechnung der einen oder anderen Ordinate der tatsächlichen Kurve sehr unterschiedlich sein kann. Bei der Bestimmung der Parameter nach den Gleichungen theoretischer Kurven muß deshalb in solchem Falle das Gewicht der einzelnen tatsächlichen Ordinaten berücksichtigt werden. Das macht gewisse Transformationen der Tabellen der Ausgangswerte und der normalen Gleichungspaare erforderlich.

Bei der Bestimmung der Parameter für die Gleichung der theoretischen Geraden unter Berücksichtigung des Unterschiedes im Gewicht der Ordinaten ($f$) der tatsächlichen Kurve nimmt die Tabelle der Ausgangswerte (vgl. Tabelle 6) auf diese Weise die Form der Tabelle 11 an.

Tabelle 11

| $y$ | $x$ | $f$ | $xf$ | $fy$ | $x^2f$ | $xfy$ |
|---|---|---|---|---|---|---|
| | | | | | | |
| $\Sigma y$ | $\Sigma x$ | $\Sigma f$ | $\Sigma xf$ | $\Sigma fy$ | $\Sigma x^2f$ | $\Sigma xfy$ |

Die zwei normalen Gleichungen nehmen ihrerseits folgende Form an:

$$\left.\begin{aligned} \Sigma f y &= a \Sigma f + b \Sigma x f \\ \Sigma (xfy) &= a \Sigma x f + b \Sigma x^2 f \end{aligned}\right\}. \tag{26}$$

Beispiel: Die Abszissen- und Ordinatenwerte sowie das Gewicht ($f$) entnehmen wir der Tabelle 12:

Tabelle 12

| $x$ | 1 | 2 | 3 | 4 | 5 | 6 |
|---|---|---|---|---|---|---|
| $y$ | 1000 | 800 | 900 | 600 | 700 | 500 |
| $f$ | 7 | 8 | 4 | 10 | 6 | 10 |

*Ohne* Berücksichtigung des Gewichtes ($f$) können nach der Formel der Geraden (22) $a$ ($= 1060{,}1$) und $b$ ($-$ 88,6) berechnet und aus der Gleichung der geglätteten Kurve: $y = 1060{,}1 - 88{,}6\,x$ die geglätteten $y$-Werte für die entsprechenden $x$-Werte erhalten werden:

| $x$ | 1 | 2 | 3 | 4 | 5 | 6 |
|---|---|---|---|---|---|---|
| $y^*$: | 971,5 | 882,9 | 794,3 | 705,7 | 617,1 | 528,5 |

Bei Berücksichtigung des Gewichtes ($f$) stellen wir Tabelle 13 zusammen:

Tabelle 13

| $y$ | $x$ | $f$ | $xf$ | $fy$ | $x^2f$ | $xfy$ | $y^*$ geglättet |
|---|---|---|---|---|---|---|---|
| 1000 | 1 | 7 | 7 | 7000 | 7 | 7000 | 953 |
| 800 | 2 | 8 | 16 | 6400 | 32 | 12800 | 864 |
| 900 | 3 | 4 | 12 | 3600 | 36 | 10800 | 775 |
| 600 | 4 | 10 | 40 | 6000 | 160 | 24000 | 686 |
| 700 | 5 | 6 | 30 | 4200 | 150 | 21000 | 597 |
| 500 | 6 | 10 | 60 | 5000 | 360 | 30000 | 508 |
| $\Sigma$ | 21 | 45 | 165 | 32200 | 745 | 105600 | |

Wir setzen diese Werte in die Gleichungen (26) ein:

$$32200 = 45a + 165b$$
$$105600 = 165a + 745b$$

und erhalten:

$$a = 1042 \text{ und } b = -89.$$

Die Gleichung der geglätteten Kurve lautet:

$$y = 1042 - 89x.$$

### 3.25 Die wahrscheinliche Ergiebigkeitskurve

Die statistische Methode kann angewandt werden, wenn solche faktischen Angaben über die Exploitation der Bohrungen und einzelner Schichten zur Verfügung stehen, die die natürliche Abgabe der Schicht unter bestimmten Exploitationsbedingungen der Bohrungen widerspiegeln. Werden auf die Schicht einwirkende Maßnahmen durchgeführt, ist die Verwendung statistischer Kurven zur Vorratsberechnung unzweckmäßig. Die Konstruktion der Kurven darf ferner keinesfalls auf Daten anormaler Exploitation sowie der Exploitation von Bohrungen mit eingeschränkten Förderraten beruhen. Auch bei Schichten mit effektivem Wasserdruckregime ist die Anwendung der statistischen Methode nicht zweckmäßig.

Die statistische Methode kann somit bei Schichten mit einem Regime des gelösten Gases, einem Gasdruckregime (Regime der Gaskappe) und, in Ausnahmefällen, bei Schichten mit einem nicht effektiven Wasserdruckregime angewandt werden.

Da die Charakteristik der summarischen Förderrate eines Bohrloches durch die Größe seiner Anfangsförderung und die Dynamik ihrer Veränderung bis zum „Lebensende“ der Sonde bestimmt wird, können alle Kurven in zwei Hauptgruppen unterteilt werden: 1. Kurven der Anfangsförderrate und 2. Ergiebigkeitskurven. Die ersten dienen zur Bestimmung der möglichen Anfangsförderung von Sonden, die noch nicht niedergebracht wurden. Die Ergiebigkeitskurven gestatten es, die Geschwindigkeit festzustellen, mit der die Förderrate (Anfangs- oder laufende) bis zum „Lebensende“ der Sonde abnimmt.

Die Kurven der Anfangsförderrate (darunter auch die Verdichtungskurven und die Kurven Entfernung – Zeit), mit deren Hilfe früher die Anfangsförderrate neuer Sonden bestimmt wurde, finden gegenwärtig keine Anwendung mehr. Dies hängt mit der großen Ungenauigkeit zusammen, die bei der Bestimmung der Anfangsförderrate nach den

Verdichtungskurven[1]) und den Kurven Entfernung – Zeit (d. h. in Abhängigkeit von den Bohrlochabständen und der Exploitationsdauer des einen oder anderen Abschnittes bis zur Inbetriebnahme der betreffenden neuen Sonde) erhalten wurde. Daher benutzt man gegenwärtig zur Bestimmung der Anfangsförderrate nicht die Kurve Entfernung – Zeit, sondern die Angaben über die laufenden Förderraten der benachbarten Sonden zum Zeitpunkt der Inbetriebnahme der betreffenden Sonde. Wenn es sich um neue, noch nicht abgebohrte Schichten handelt, werden zur Bestimmung der Anfangsförderrate neuer Sonden in Analogie Angaben aus den nächstliegenden geologisch ähnlichen abgebohrten Schichten herangezogen.

Nachdem die durchschnittliche Tagesförderrate (für den ersten Monat) der Sonde bestimmt wurde, werden die wahrscheinliche Ergiebigkeitskurve zur Ermittlung der Abfallgeschwindigkeit der Anfangsförderrate nach Jahren und damit die Vorräte der betreffenden Bohrung herangezogen.

Im Gegensatz zu anderen Kurven wird bei der Konstruktion der wahrscheinlichen Ergiebigkeitskurve nicht die ganze Abfallkurve der Förderrate einer Sonde auf einmal korreliert. Vielmehr wird der Charakter des Abfalles der nachfolgenden Förderrate in Abhängigkeit von den vorausgegangenen untersucht und damit die Geschwindigkeit des Förderratenrückganges für einzelne Förderratenintervalle jeder einzelnen Sonde erforscht.

Im Unterschied zu gewöhnlichen (normalen) Ergiebigkeitskurven[2]) wird die auf der Korrelation zweier aufeinanderfolgender Förderraten beruhende Kurve als wahrscheinliche Ergiebigkeitskurve bezeichnet, da zu ihrer Konstruktion Methoden benutzt werden, die in der Wahrscheinlichkeitstheorie angewendet werden.

Bei der Anwendung der statistischen Methode sind die Erdölförderraten der einzelnen Sonden die Ausgangsdaten. Zur Konstruktion statistischer Kurven werden gewöhnlich die Tagesdurchschnittsförderraten der einzelnen Monate verwendet. Daher wird für jede zu untersuchende Schicht eine Tabelle der Ausgangsdaten zusammengestellt (s. Tabelle 14).

Um die Form der Beziehungen zwischen zwei aufeinanderfolgenden Förderraten für die Berechnung der Erdölvorräte zu klären, wurden in der

---

[1]) Verdichtungskurven zeigen die Veränderung der Anfangsförderraten der Bohrlöcher bei zunehmender Anzahl der Sonden in einer bestimmten Schicht. (D. R.)

[2]) Gewöhnliche (normale) Ergiebigkeitskurven stützen sich auf die Annahme, daß zwei Sonden mit annähernd gleicher Förderrate, unabhängig davon, in welchem „Lebens"jahr die betreffenden Sonden stehen, auch bis zum Ende ihrer Exploitation annähernd gleiche Förderraten aufweisen werden. Das Tempo des Rückganges der Förderrate wird also nur nach der Größe der laufenden Förderrate (und nicht dem Alter der Sonde) eingeschätzt. (D. R.)

Sowjetunion erstmalig Korrelationstabellen angewendet. Diese Tabellen beseitigten die bestehende Willkür bei der Konstruktion der Kurven und ermöglichten ein objektives Urteil über die Form der Beziehungen zwischen den Förderraten auf Grund einer mit Hilfe der mathematischen Statistik durchgeführten Analyse. Die Anwendung von Korrelationstabellen führte gleichzeitig zu einer anschaulichen Darstellung der zu untersuchenden Gesetzmäßigkeiten.

Tabelle 14

| Bohrung (Abschnitt) | Tag der Inbetriebnahme | Bezeichnung | Jahre und Monate | | | | | | | |
|---|---|---|---|---|---|---|---|---|---|---|
| | | | 19 — | | | | | 19 — | | |
| | | | I | II | ... | XII | für das Jahr insgesamt | I | II | ... |
| | | monatliche Erdölförderung | | | | | | | | |
| | | Zahl der Exploitationstage | | | | | | | | |
| | | Tagesdurchschnitt der Förderung des Monats | | | | | | | | |

Die zusammengestellten Korrelationstabellen werden geologisch-technisch sorgfältig analysiert mit dem Ziel, einzelne Punkte zu finden, die stark von der allgemeinen Tendenz ihrer Anordnung in der Tabelle abweichen. Durch solche Analysen werden zusätzliche Faktoren aufgespürt, die bei der folgenden Konstruktion der Kurven berücksichtigt werden müssen, zugleich werden auch solche Angaben ausgeschlossen, die eindeutig der allgemeinen Tendenz der Anordnung der Punkte nicht entsprechen.

Zum Zwecke der bequemeren Verwendung der wahrscheinlichen Ergiebigkeitskurven für die Planung erfolgt die Korrelation zweier aufeinanderfolgender Förderraten nicht nach der Jahres-, sondern nach der durchschnittlichen Tagesförderung (errechnet nach einzelnen Monaten der Exploitation).

Es liegen zum Beispiel die Förderraten für die Sonden irgendeiner zu untersuchenden Schicht vor (Tabelle 15).

Tabelle 15

| Nr. des Bohrloches | Jahr und Monat der Exploitation | mittlere Tagesförderrate t | Nr. des Bohrloches | Jahr und Monat der Exploitation | mittlere Tagesförderrate t |
|---|---|---|---|---|---|
| | 1929 | | | 1932 | |
| 5 | II–III | 10,2 | 19 | IV | 13,0 |
| | IV | 9,9 | | V | 12,6 |
| | V | 9,6 | | VI | 12,2 |
| | VI | 9,0 | | VII | 11,8 |
| | VII–VIII | 8,8 | | VIII | 11,5 |
| | IX | 8,4 | | IX | 11,2 |
| | 1930 | | | 1933 | |
| 7 | | | 6 | | |
| | III–IV | 21,8 | | IV | 4,2 |
| | V | 20,9 | | V | 4,1 |
| | VI | 20,1 | | VI | 4,0 |
| | VII | 19,0 | | VII | 3,9 |
| | VIII | 17,0 | | VIII | 3,8 |
| | IX | 18,0 | | IX | 3,5 |
| 14 | | | | | |
| | 1931 | | | | |
| | III–IV | 8,0 | | | |
| | V | 7,7 | | | |
| | VI | 7,5 | | | |
| | VII | 7,3 | | | |
| | VIII | 7,1 | | | |
| | IX | 6,9 | | | |

Die Förderraten werden in eine Korrelationstabelle eingetragen, und zwar in Logarithmen, da dies bequemer ist. Das Logarithmenintervall wird gewöhnlich gleich 0,1 genommen.

Wie im früher dargelegten Beispiel der logarithmischen Korrelationstabelle wird die Anzahl der in der Korrelationstabelle benötigten Spalten dadurch ermittelt, daß die Differenz der abgerundeten Logarithmen der größten und kleinsten Förderrate durch 0,1 dividiert wird. (0,1 ist die von uns gewählte Klassenbreite der Logarithmen.) Im gewählten Beispiel (Tab. 15) erhalten wir als größte und kleinste abgerundete Logarithmenwerte 1,400 und 0,500 und damit 9 Klassen der Klassenbreite 0,100. Zu jeder Klasse werden die Antilogarithmen ermittelt, wobei der obere Grenzwert einer jeden Klasse (vom kleinsten bis zum größten Wert) mit Ausnahme der letzten Klasse um 0,01 kleiner genommen wird als der benachbarte untere Grenzwert der nächsthöheren Klasse. Wir erhalten somit folgende Tabelle:

Tabelle 16

| Klassen | Förderraten in Logarithmen | | Förderraten in Ziffern [t] | |
|---|---|---|---|---|
| | von | bis | von | bis |
| 1 | 0,500 | 0,600 | 3,16 | 3,97 |
| 2 | 0,600 | 0,700 | 3,98 | 5,00 |
| 3 | 0,700 | 0,800 | 5,01 | 6,30 |
| 4 | 0,800 | 0,900 | 6,31 | 7,93 |
| 5 | 0,900 | 1,000 | 7,94 | 9,99 |
| 6 | 1,000 | 1,100 | 10,00 | 12,5 |
| 7 | 1,100 | 1,200 | 12,6 | 15,8 |
| 8 | 1,200 | 1,300 | 15,9 | 19,9 |
| 9 | 1,300 | 1,400 | 20,0 | 25,1 |

Diese Daten und der wie im früheren Beispiel errechnete mittlere Logarithmus einer jeden Klasse werden in den Kopf der horizontalen und vertikalen Spalten von Tabelle 17 genommen; zusätzlich werden noch drei weitere vertikale Spalten und eine horizontale aufgenommen, deren Aufgabe aus der Tabelle selbst ersichtlich ist.

Die Korrelationstabelle 17 wird folgendermaßen ausgefüllt:

1. Bei jeder Sonde der Tabelle 15 werden aus den jeweils angegebenen sechs Förderraten fünf Förderratenpaare gebildet: aus der vorausgehenden Förderrate ($q_y$) und der jeweils nachfolgenden ($q_x$), es wird also jede Förderrate (außer der letzten) einmal zu einer „vorausgehenden". Für Sonde 5 erhalten wir z. B.:

Tabelle 18

| Förderratenpaar | 1 | 2 | 3 | 4 | 5 |
|---|---|---|---|---|---|
| $q_y$ | 10,2 | 9,9 | 9,6 | 9,0 | 8,8 |
| $q_x$ | 9,9 | 9,6 | 9,0 | 8,8 | 8,4 |

2. Jedes Förderratenpaar wird durch einen Strich in seinem Feld der Tabelle 17 eingetragen. Das 1. Paar der Sonde 5 gehört nach $q_y$ (von unten) zur Klasse 6, nach $q_x$ (von rechts) zur Klasse 5. Der Strich kommt in das Feld des Schnittpunktes beider Spalten.

Tabelle 17

| voraus-gegangene Förderrate $q_y$ / nachfolgende Förderrate $q_x$ | | | Klasse | 9 | 8 | 7 | 6 | 5 | 4 | 3 | 2 | 1 | Häufigkeit $P_x$ | Summe der Produkte d. mittleren Logarithmen und entsprechende Häufigkeiten | mittlere nachfolgende Förderrate $lg\, q_x$ |
|---|---|---|---|---|---|---|---|---|---|---|---|---|---|---|---|
| | | | mittlerer Logarithmus | 1,35 | 1,25 | 1,15 | 1,05 | 0,95 | 0,85 | 0,75 | 0,65 | 0,55 | | | |
| | | | Logarithmen der Klassengrenzen | 1,40<br>1,30 | 1,30<br>1,20 | 1,20<br>1,10 | 1,10<br>1,00 | 1,00<br>0,90 | 0,90<br>0,80 | 0,80<br>0,70 | 0,70<br>0,60 | 0,60<br>0,50 | | | |
| Klasse | mittl. Logarithmus | Logarithmen der Klassengrenzen | Zahlenwerte | 25,1<br>20,0 | 19,9<br>15,9 | 15,8<br>12,6 | 12,5<br>10,0 | 9,99<br>7,94 | 7,93<br>6,31 | 6,31<br>5,01 | 5,00<br>3,98 | 3,97<br>3,16 | | | |
| 9 | 1,35 | 1,40<br>1,30 | 25,1<br>20,0 | 11(2) | 1(1) | | | | | | | | 3 | 3,950 | 1,317 |
| 8 | 1,25 | 1,30<br>1,20 | 19,9<br>15,9 | | 11(2) | | | | | | | | 2 | 2,500 | 1,250 |
| 7 | 1,15 | 1,20<br>1,10 | 15,8<br>12,6 | | | 1(1) | 1(1) | | | | | | 2 | 2,200 | 1,100 |
| 6 | 1,05 | 1,10<br>1,00 | 12,5<br>10,0 | | | | 111(3) | 1(1) | | | | | 4 | 4,100 | 1,025 |
| 5 | 0,95 | 1,00<br>0,90 | 9,99<br>7,94 | | | | | 1111(4) | 1(1) | | | | 5 | 4,650 | 0,930 |
| 4 | 0,85 | 0,90<br>0,80 | 7,93<br>6,31 | | | | | | 1111(4) | | | | 4 | 3,400 | 0,850 |
| 3 | 0,75 | 0,80<br>0,70 | 6,30<br>5,01 | | | | | | | | | | 0 | — | (0,733)[1] |
| 2 | 0,65 | 0,70<br>0,60 | 5,00<br>3,98 | | | | | | | | 11(2) | 1(1) | 3 | 1,850 | 0,616 |
| 1 | 0,55 | 0,60<br>0,50 | 3,97<br>3,16 | | | | | | | | | 11(2) | 2 | 1,100 | 0,550 |
| | — | — | $P_y$ | 2 | 3 | 1 | 4 | 5 | 5 | 0 | 2 | 3 | 25 | — | — |

[1]) Erläuterung im Text

3. Die Striche eines Feldes werden addiert, die Summe in Klammern in das gleiche Feld eingetragen.
4. Die Ziffern in Klammern werden für die horizontalen und vertikalen Spalten addiert, die Summen ($P_x$ und $P_y$) in die entsprechenden Felder der hierfür vorgesehenen Spalten eingetragen. Selbstverständlich muß $\Sigma P_x = \Sigma P_y$ sein, in unserem Beispiel gleich 25.
5. Für jede Klasse der vorausgegangenen Förderraten wird nunmehr die mittlere nachfolgende Förderrate berechnet. Dazu wird zunächst die Summe der in jeder Klasse der vorausgegangenen Förderraten gemachten

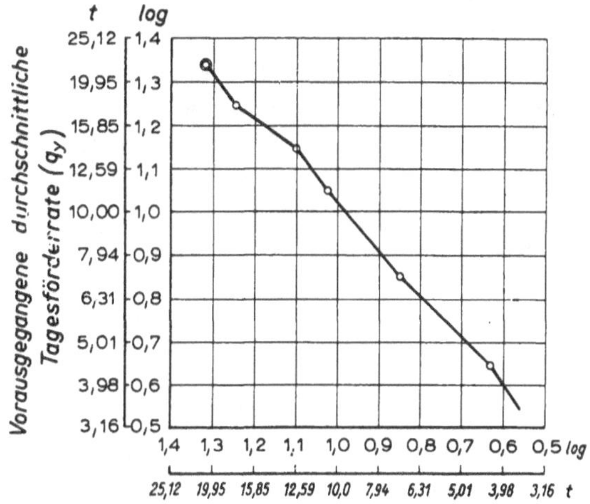


Abb. 12. Die wahrscheinliche Ergiebigkeitskurve

Eintragungen gebildet, d. h. das Produkt aus der jeweiligen Häufigkeit und dem mittleren Logarithmus der Klase der *nachfolgenden* Förderrate (also in vertikaler Richtung). Die Division der erhaltenen Summe mit der Häufigkeit $P_x$ liefert die mittlere nachfolgende Förderrate in Logarithmen. Für die 9. Klasse erhalten wir z. B:

$$\frac{1{,}35 \cdot 2 + 1{,}25 \cdot 1}{3} = 1{,}317\,.$$

Wenn eine Klasse, wie im Beispiel die 3. Klasse, unbesetzt bleibt, wird die fehlende mittlere nachfolgende Förderrate als Mittelwert aus den benachbarten Werten berechnet und zur Hervorhebung dieses Umstandes in Klammern gesetzt:

$$\frac{0{,}850 + 0{,}616}{2} = (0{,}733)\,.$$

Auf diese Weise erhält man die vorausgegangenen und die nachfolgenden Förderraten, aus denen sich die wahrscheinliche Ergiebigkeitskurve konstruieren läßt (Abb. 12).

### 3.26 Allgemeines Schema für die Erdölvorratsberechnung nach der statistischen Methode

Da die Menge der zu berechnenden industriellen Vorräte[1]) sich in Abhängigkeit vom System und Tempo der Förderung verändert, wird – um vergleichbare Werte für die einzelnen Lagerstätten zu erhalten – folgendermaßen verfahren:

1. Mit Vorbehalt werden für die Schicht Bohrungen in einem gleichmäßigen Dreiecksnetz entsprechend dem vorgesehenen Abbausystem projektiert unter Beachtung des Umstandes, daß bei reihenmäßigen Schemata der Bohrlochverteilung die statistische Methode in ihrer eigentlichen Form gewöhnlich nicht angewendet wird.
2. Es wird angenommen, daß alle möglichen und zur Niederbringung vorgesehenen Bohrungen (in den entsprechenden Abständen) zum Stichtage der Berechnung (gewöhnlich per 1. Januar des Kalenderjahres) in Betrieb genommen worden sind.

Auf den Berechnungsrissen werden dann für die einzelnen Schichten die gegenwärtigen und ursprünglichen Umrisse der Erdölführung eingetragen und die Vorratsgrenzen der Kategorien gezogen.

Bis 1959 war in der Sowjetunion die Kategorie A in zwei Kategorien[2]) aufgeteilt: Kategorie $A_1$ (vorbereitete Vorräte) und Kategorie $A_2$ (erkundete Vorräte). Die derzeit gültige sowjetische Vorratsklassifikation kennt nur eine Kategorie A. Das ist dadurch bedingt, daß gegenwärtig die Erdölvorräte vor allem nach der Volumen-Methode berechnet werden, bei der die Aussonderung von Vorräten der Kategorien $A_1$ und $A_2$ äußerst schwierig ist. Die gesonderte Berechnung der Vorratskategorien $A_1$ und $A_2$ ist nur mit Hilfe der statistischen Methode leicht möglich, die zwar selten, doch immerhin noch angewandt wird, vor allem bei der Berechnung von Erdölvorräten alter, erschöpfter Flächen.

Deshalb ist es auch notwendig, hier die Vorratsberechnung mit Hilfe der statistischen Methode darzulegen. Dabei ist zu beachten, daß mit der

---

[1]) Unter industriellen Vorräten werden gewöhnlich die gewinnbaren, ausbringbaren Vorräte verstanden. Die neue sowjetische Erdölklassifikation fordert im Unterschied zur alten, bis 1959 gültigen Klassifikation ebenso die Berechnung der gesamten, in der Lagerstätte vorhandenen Vorräte, wie dies die DDR-Erdölklassifikation verlangt. (D. R.)

[2]) Eine Vorratskategorie der sowjetischen Klassifikation entspricht einer Vorratsklasse der DDR-Vorratsklassifikation. (D. R.)

statistischen Methode die Vorräte der Kategorie A nicht unmittelbar berechnet werden können. Die Rechnung muß vielmehr gesondert geführt werden: für die Kategorie $A_1$, d. h. für alte, schon niedergebrachte und in Exploitation befindliche Sonden, und für Kategorie $A_2$, d. h. für neue Bohrlöcher, die auf dieser Fläche innerhalb des erkundeten Umrisses der Erdölführung niedergebracht werden können.

Die Summe der Vorräte in den Kategorien $A_1 + A_2$ ergibt die allgemeinen Vorräte in der Kategorie A.

Die Zusammenstellung der Ausgangswerte erleichtert wesentlich die ganze Berechnung. Nehmen wir an, wir hätten zwei Förderraten – die vorausgegangene und die nachfolgende: 100 t/Tag und 80 t/Tag.

Das Verhältnis der nachfolgenden zur vorausgegangenen Förderrate heißt Koeffizient des monatlichen Rückganges[1]), er ist in unserem Beispiel

$$\frac{80}{100} = 0{,}8\,.$$

Ist dieser Koeffizient ermittelt, werden alle nachfolgenden Förderraten berechnet. Zum Beispiel: $80 \cdot 0{,}8 = 64$ t/Tag; dann $64 \cdot 0{,}8 = 51{,}2$ t/Tag usw. So werden alle nachfolgenden Förderraten bestimmt, ohne zu den umständlichen Berechnungen unmittelbar nach der Kurve zu greifen. Deshalb wird auch die Tabelle der Ausgangswerte (Tabelle 19) nach den Angaben der konstruierten Kurve zusammengestellt. Dabei darf nicht vergessen werden, daß die Größe des Koeffizienten des monatlichen Rückganges nicht für alle Abschnitte der Kurve konstant bleibt.

### 3.261 Kategorie $A_1$ (vorbereitete[2]) Vorräte)

Zur Berechnung von Vorräten in der Kategorie $A_1$ wird nur die wahrscheinliche Ergiebigkeitskurve verwendet. Es werden zwei Tabellen zusammengestellt: 1. eine Tabelle der Ausgangsdaten nach der erhaltenen wahrscheinlichen Ergiebigkeitskurve (Tabelle 19); 2. eine Tabelle der vorliegenden Angaben über die Bohrungen der untersuchten Schicht, die am Stichtag der Berechnung in Exploitation sind (Tabelle 20).

Neben der Zusammenstellung der Tabelle mit den Ausgangswerten werden noch die Anzahl der in Exploitation befindlichen Bohrungen und die durchschnittliche Förderrate pro Bohrloch zum Tage der Berechnung

[1]) In der Planung wird meist der Ausdruck „Koeffizient der monatlichen Veränderung" gebraucht, da die nachfolgende Förderrate nicht unbedingt kleiner als die vorausgegangene sein muß.

[2]) Es handelt sich hier im Grunde um Restvorräte von Exploitationsflächen. (D. R.)

Tabelle 19

| Intervalle der Förderraten | Koeffizient des monatlichen Rückganges |
|---|---|
| | |

(oder die sogenannte Eröffnungsförderrate) bestimmt. Dazu werden alle Exploitationsbohrungen in Übereinstimmung mit den Förderratenintervallen der wahrscheinlichen Ergiebigkeitskurve gruppiert, für welche die entsprechenden monatlichen Koeffizienten des Rückganges ermittelt wurden. Für diese Intervalle werden die durchschnittlichen laufenden (Eröffnungs-)Förderraten pro Bohrung (als arithmetisches Mittel) ermittelt. Dann werden die Restvorräte berechnet.

Tabelle 20

| Intervalle der Förderraten | Zahl der in Exploitation befindlichen Bohrungen | durchschnittliche Förderrate pro Bohrung zum Stichtage der Berechnung |
|---|---|---|
| | | |

Als Beispiel sollen die in Tabelle 21 genannten Förderraten vorliegen.

Zur Bestimmung der Koeffizienten des monatlichen Rückganges in Tabelle 21 werden folgende Rechnungen durchgeführt. Von der nachfolgenden Förderrate (in Logarithmen) wird die vorausgehende abgezogen. Der so ermittelte monatliche Rückgang wird unter Anwendung der

Tabelle 21

| Förderrate in Logarithmen[1] | | Koeffizient des monatlichen Rückganges | | |
|---|---|---|---|---|
| voraus-gehende | nach-folgende | in Logarithmen | geglättet mit Hilfe des gleitenden Mittels aus drei | in Zahlen[2]) |
| 1 | 2 | 3 | 4 | 5 |
| 1,350 | 1,317 | – 0,033 | – | – |
| 1,250 | 1,250 | 0,000 | – 0,028 | 0,937 |
| 1,150 | 1,100 | – 0,050 | – 0,025 | 0,944 |
| 1,050 | 1,025 | – 0,025 | – 0,031 | 0,931 |
| 0,950 | 0,930 | – 0,020 | – 0,015 | 0,966 |
| 0,850 | 0,850 | 0,000 | – 0,018 | 0,959 |
| 0,650 | 0,616 | – 0,034 | – 0,011 | 0,975 |
| 0,550 | 0,550 | 0,000 | – | – |

Methode des gleitenden Mittels geglättet, dabei werden nacheinander drei Werte summiert und durch drei dividiert:

$$\frac{0{,}033 + 0{,}000 + 0{,}050}{3} = 0{,}028\,.$$

Dann die nächsten drei:

$$\frac{0{,}000 + 0{,}050 + 0{,}025}{3} = 0{,}025$$

usw.

Danach werden die Antilogarithmen und die monatlichen Koeffizienten des Rückganges in Zahlen ausgerechnet (s. Spalte 5, Tabelle 21). Die erhaltenen Koeffizienten des Rückganges werden zu zwei bis drei Intervallen zusammengefaßt, in unserem Beispiel zu zwei: das erste Intervall

$$\frac{0{,}937 + 0{,}944 + 0{,}931}{3} = 0{,}937\,,$$

das zweite Intervall

$$\frac{0{,}966 + 0{,}959 + 0{,}975}{3} = 0{,}966\,.$$

Wir erhalten somit für folgende Förderratenintervalle die entsprechenden monatlichen Koeffizienten des Rückganges (Tabelle 22).

Für Förderratenintervalle von 10,5 t und darunter wird ein und derselbe Koeffizient des monatlichen Rückganges bis ans „Lebens"ende der Sonde eingesetzt. Vor Stillegung der Sonden wurde für das Beispiel eine durchschnittliche tägliche Förderrate von 0,5 t bedingt angenommen.

[1]) Der Leser bemerkt, daß diese Daten der Tabelle 17 entnommen sind. (D. R.)
[2]) Beim Antilogarithmieren ist das Minuszeichen zu beachten! (D. R.)

Tabelle 22

| Förderrintervall | | | Koeffizient des mittleren monatlichen Rückganges der Förderrate |
|---|---|---|---|
| in Logarithmen | in Zahlen von | bis | |
| 1,350 – 1,025 | 22,4 | 10,6 | 0,937 |
| 1,025 – 1,699* | 10,5 | 0,5 | 0,966 |

*) Angenommene minimale durchschnittliche Tagesförderrate, die noch ökonomisch vertretbar ist.

Die Höhe der minimal rentablen Tagesförderrate hängt von der Bohrlochtiefe, der Gewinnungsmethode und den Exploitationsverhältnissen, der Qualität des Erdöls und anderen ökonomischen Faktoren ab. Sie wird nach den hierzu vorliegenden Anweisungen festgesetzt.

Entsprechend den in Tabelle 22 angegebenen Förderratenintervallen werden alle Exploitationsbohrungen nach ihrer laufenden durchschnittlichen Tagesförderrate in Gruppen eingeteilt und ihre Eröffnungsrate bestimmt.

Zum Beispiel, bei der in Frage kommenden Schicht seien 10 Sonden mit einer Tagesförderung von durchschnittlich 15 t je Bohrung der Gruppe und 15 Sonden mit einer Tagesförderung von durchschnittlich 7 t pro Sonde in Exploitation. In diesem Falle wird die durchschnittliche Eröffnungsförderrate einer Sonde der ersten Gruppe mit 15 t, einer der zweiten mit 7 t eingesetzt.

Eine besondere Aufgabe ist die Berücksichtigung zeitweilig stilliegender Sonden, für die entweder die letzte durchschnittliche Tagesförderrate vor der Stillegung (wenn diese nicht länger als 2–3 Monate bis zum Beginn der Vorratsberechnung andauerte) genommen wird, oder die laufende Förderrate einer der oben angeführten Gruppen der Exploitationssonden, der die eine oder andere stilliegende Bohrung zugeordnet werden kann.

Die Berechnung des Restvorrates für die genannten beiden Gruppen geht folgendermaßen vor sich:

1. Erste Gruppe – 10 Bohrungen mit einer Eröffnungsrate von 15 t.

a) Für das erste Intervall der Förderraten

$$S_1 = \frac{a_1 - a_2 k_1}{1 - k_1} - a_1, \tag{27}$$

wo $S_1$ – die Summe der Förderraten einer Bohrung im Intervall 22,4–10,6;

$a_1$ – die Eröffnungsförderrate des ersten Intervalls, 15 t;
$a_2$ – die Endförderrate des ersten Intervalls, 10,6 t;
$k_1$ – der Koeffizient des monatlichen durchschnittlichen Rückganges der Förderrate, 0,937 sind.

Folglich ist

$$S_1 = \frac{15 - 10{,}6 \cdot 0{,}937}{1 - 0{,}937} - 15 = 65{,}4\,.$$

b) Für das zweite Intervall der Förderraten:

$$S_2 = \frac{a_2 - a_n k_2}{1 - k_2} - a_2\,, \qquad (28)$$

wo $S_2$ – die Summe der Förderraten für eine Sonde im Intervall 10,5–0,5 t;
$a_2$ – die Eröffnungsförderrate für das zweite Intervall, 10,5 t;
$a_n$ – minimale durchschnittliche rentable Tagesförderrate, 0,5 t;
$k_2$ – der Koeffizient des monatlichen Rückganges für das zweite Intervall, 0,966 sind.

Folglich ist

$$S_2 = \frac{10{,}5 - 0{,}5 \cdot 0{,}966}{1 - 0{,}966} - 10{,}5 = 284{,}2\,.$$

Der Restvorrat für die erste Sondengruppe:

$$(284{,}2 + 65{,}4)\, 30 \cdot 10 \cdot 0{,}8 = 83\,904\ \text{t},$$

wo 30 – die Anzahl der Tage im Monat;
10 – die Anzahl der Bohrungen in der ersten Gruppe;
0,8 – der Exploitationskoeffizient[1]) sind.

2. Die zweite Gruppe – 15 Bohrungen mit einer Eröffnungsförderrate von 7 t.

Entsprechend dem oben Dargelegten ist

$$S_3 = \frac{7 - 0{,}5 \cdot 0{,}966}{1 - 0{,}966} - 7 = 184{,}7\,.$$

Für die zweite Bohrlochgruppe:

$$184{,}7 \cdot 30 \cdot 15 \cdot 0{,}8 = 66\,492\ \text{t}.$$

Der gesamte Restvorrat aller (25) Exploitationsbohrungen beträgt:

$$83\,904 + 66\,492 = 150\,396\ \text{t}.$$

---

[1]) 0,8 ist hier willkürlich gewählt; der Exploitationskoeffizient muß für jeden konkreten Fall ermittelt werden. Er berücksichtigt die unter der möglichen liegenden reale Exploitation durch Stillstandszeiten der Sonden u. ä. (D. R.)

### 3.262 Kategorie $A_2$ (erkundete Vorräte)

Bei der Berechnung von Vorräten der Kategorie $A_2$ werden nach dem Abbauplan die zur Verfügung stehenden Sonden der Kategorie $A_2$ bestimmt, zu denen Sonden gehören, die gegenwärtig niedergebracht werden, projektierte Sonden und solche, die zur betreffenden Schicht zurückkehren [1]) sowie bis zu ihr vertieft werden.

Nehmen wir an, die genannten Bohrungen seien gleichzeitig zum Stichtage der Berechnung in Exploitation genommen worden. In diesem Falle wird in Analogie zu benachbarten abgebohrten Schichten festgestellt, daß die durchschnittliche tägliche Anfangsförderrate einer Bohrung 15,5 t beträgt. Die für die Kategorie $A_2$ zur Verfügung stehenden Bohrlöcher wurden nach dem Abbauplan zusammengezählt; es sind fünf.

Nach der wahrscheinlichen Ergiebigkeitskurve werden dann gemäß der oben dargelegten Methode alle folgenden Förderraten bis zur minimal rentablen bestimmt. Bei Benutzung der Tabelle 22 wird der erkundete Vorrat für ein Bohrloch berechnet:

$$S_1 = \frac{15{,}5 - 10{,}6 \cdot 0{,}937}{1 - 0{,}937} = 88{,}4\ ^{2)}$$

$$S_2 = \frac{10{,}5 - 0{,}5 \cdot 0{,}966}{1 - 0{,}966} - 10{,}5 = 284{,}2.$$

Die erkundeten Erdölvorräte:

$$(88{,}4 + 284{,}2) \cdot 30 \cdot 5 \cdot 0{,}8 = 44712 \text{ t},$$

wo 30 – die Zahl der Tage im Monat;
5 – die Anzahl der zur Verfügung stehenden Sonden für $A_2$;
0,8 – der Exploitationskoeffizient sind.

## 3.3 Die Methode der Materialbilanz

Die Methode der Materialbilanz beruht auf dem Studium der Veränderungen der physikalischen Parameter der in der Schicht enthaltenen Flüssigkeiten und des Gases in Abhängigkeit von der Veränderung des Druckes im Exploitationsprozeß. Während der Entnahme von Flüssigkeit (Wasser und Erdöl) sowie Gas aus der Schicht erfolgt in dieser eine ständige Umgruppierung von Erdöl, Wasser und Gas infolge Veränderung des Schichtdruckes. Diese Veränderung in der Verteilung von Erdöl, Gas

[1]) Das heißt von einer erschöpften tiefer liegenden Schicht zu der betreffenden Schicht zurückkehren. (D. R.)

[2]) In diesem Falle wird 15,5, d. h. die Eröffnungsförderrate, nicht vom Bruch abgezogen, weil $a_1$ in die Summe der Förderraten $S_1$ eingeht. – Bei $S_2$ muß 10,5 wiederum abgezogen werden, weil diese Förderrate in $S_1$ eingegangen ist. (D. R.)

und Wasser in der Schicht und die damit verbundenen Veränderungen des physikalischen Zustandes von Gas und Erdöl werden zur Berechnung der Erdölvorräte nach der Gleichung der Materialbilanz ausgenutzt.

Es ist zu beachten, daß das bei Beginn der Exploitation in der Schicht vorhandene Gleichgewicht im Förderprozeß gestört wird, besonders dann, wenn in der Schicht bedeutende fazielle Unterschiede vorhanden sind. Das erschwert die Möglichkeit einer genauen Bestimmung des mittleren Schichtdruckes, bei dem die Werte aller in die Formel eingehenden Koeffizienten bestimmt werden. Daher sollte bei Anwendung der Methode der Materialbilanz für den Berechnungstag eine Isobarenkarte konstruiert werden, nach der sich der Schichtdruck exakter als arithmetisches, mit den Flächen gewogenes Mittel berechnen läßt.

Dieser mittlere Schichtdruck ist der Ausgangspunkt für die Bestimmung aller vom Schichtdruck abhängigen Parameter.

Andererseits ist völlig offensichtlich, daß in einzelnen Fällen, bei großen Anomalien in der Verteilung der Schichtdrücke, die Berechnung des mittleren Schichtdruckes weniger exakt ist, wodurch die Genauigkeit der Berechnung der einzelnen Parameter erheblich gemindert wird.

Die Anwendung der Methode der Materialbilanz setzt das sorgfältige Studium der Schicht seit Beginn der Exploitation voraus. Zu diesem Zweck müssen systematische Messungen des Schichtdruckes in den Sonden mit Tiefenmanometern durchgeführt, die Entnahme von Erdöl, Gas und Wasser sorgfältig registriert und die Kerne und Tiefenproben des Erdöls eingehend untersucht werden.

Alle geologischen und betrieblichen Untersuchungen müssen systematisch und mit maximaler Genauigkeit ausgeführt werden.

Die Ableitung der Gleichung der Materialbilanz beruht auf dem Studium und der Bilanzierung der ursprünglich in der Schicht vorhandenen Kohlenwasserstoffe mit den geförderten und in der Schicht verbliebenen Mengen oder auf der Bestimmung des im Prozeß der Gewinnung von Erdöl, Wasser und Gas frei werdenden Schichtvolumens. Die Ableitung der Gleichungen für die Materialbilanz kann sich daher auf eine der beiden folgenden Grundsätze stützen:

1. auf die Erhaltung der Materie (d. h. die Unveränderlichkeit der Summe der gewonnenen und im Erdinnern verbliebenen Kohlenwasserstoffe, ausgedrückt in Gewichts- oder Volumeneinheiten) oder

2. auf die Unveränderlichkeit des Volumens der Poren, die ursprünglich mit Erdöl und Erdgas gefüllt waren (dabei bleiben ihre Veränderungen

unberücksichtigt, die sich aus elastischen Eigenschaften ergeben, da diese im Rahmen des erdölführenden Teils der Schicht unbedeutend sind).

Wenn die Schicht ursprünglich eine bestimmte Menge Erdöl und Erdgas enthalten hat, muß im ersten Falle auch nach Entnahme einer gewissen Menge die Gesamtmenge der in der Schicht verbliebenen und an die Tagesoberfläche geförderten Kohlenwasserstoffe gleich jener Menge sein, die ursprünglich in der Schicht enthalten war.

Das Volumen der Poren wird in allen Exploitationsperioden als gleichbleibend betrachtet, obwohl ein Teil diese Volumens (das ursprünglich von Erdöl und Erdgas eingenommen wurde) im weiteren durch vordringendes Randwasser besetzt werden kann. Die Rolle des gebundenen Wassers wird dabei nicht berücksichtigt, da angenommen wird, daß dieses Wasser fest mit den Gesteinsteilchen verbunden ist und an der Umgruppierung von Erdöl, Erdgas und Randwasser keinen irgendwie bedeutenden Anteil nimmt.

Die Methode der Materialbilanz ist somit dynamisch. Bei ihrer Anwendung wird der Zustand der Schicht in seiner Abhängigkeit von der Entnahme von Flüssigkeit und Gas sowie dem Rückgang des Schichtdruckes betrachtet. Wie schon bemerkt wurde, wird bei der Berechnung der Vorräte von einigen durchschnittlichen Parametern ausgegangen, die für einen bestimmten mittleren Schichtdruck ermittelt wurden. Deshalb müssen sie sorgfältig im Laboratorium und im Bohrfeld zum Stichtage der Berechnung in Übereinstimmung mit der Höhe des mittleren Schichtdruckes bestimmt werden.

Für alle Ableitungen der Materialbilanzgleichungen gelten folgende Bezeichnungen:

$Q_0$ – der Bilanz(Anfangs)vorrat an Erdöl in Volumeneinheiten bei Standardbedingungen;

$Q_k$ – die bis zum Tage der Aufstellung der Bilanzgleichung geförderten Erdölvolumen (kumulative Förderung) bei Standardbedingungen;

$r$ – die Anzahl der Volumen an Gas, die in einem Ölvolumen beim mittleren Schichtdruck $P$, gemessen bei Standardbedingungen (zum Tage der Aufstellung der Bilanzgleichung), gelöst sind;

$r_0$ – die Anzahl der Volumen an Gas, die in einem Ölvolumen beim durchschnittlichen Anfangsdruck $P_0$ (gemessen bei Standardbedingungen) gelöst sind;

$u_e$ – der Volumenkoeffizient (einphasig) des Schichtöls zum Stichtag der Berechnung (bei Lösung von $r$ $m^3$ Gas im Erdöl und Schichtdruck $P$);

$u_0$ – der Volumenkoeffizient (einphasig) des Schichtöls bei Beginn der Förderung (im Erdöl sind $r_0 m^3$ Gas bei einem Anfangsdruck von $P_0$ gelöst);

$v$ – der Volumenkoeffizient des Schichtgases bei einem Druck $P$ zum Berechnungstag, er ist gleich

$$v = \frac{1{,}033}{P} \cdot \frac{T + t_{sch}}{T + t_{st}} \cdot Z = 0{,}00353 \cdot Z \cdot \frac{T + t_{sch}}{P}, \tag{29}$$

wo $T$ – die absolute Temperatur;

$t_{sch}$ – die Schichttemperatur in °C;

$t_{st}$ – die Standardtemperatur 20 °C;

$Z = \frac{PV}{RT}$ – der Kompressibilitätskoeffizient für Kohlenwasserstoffgase beim Druck $P$ (wird aus entsprechenden Tabellen übernommen);

$v_0$ – der Volumenkoeffizient des Schichtgases bei einem Druck $P_0$ bei Beginn der Förderung (derselbe Ausdruck wie für $v$, jedoch bei einem Druck $P_0$);

$r_m$ – das mittlere Gas-Öl-Verhältnis für die Zeit der Förderung von $Q_k$ Ölvolumen (d. h. für die Zeit des Druckabfalles von $P_0$ auf $P$), reduziert auf Standardverhältnisse; d. h., $r_m$ wird berechnet als Quotient aus kumulativer Gasförderung und kumulativer Erdölförderung ($Q_k$) für den Berechnungstag;

$Q_g$ – der ursprüngliche Vorrat an freiem Gas in der Gaskappe, in Volumeneinheiten, bei Standardverhältnissen;

$\delta$ – das Verhältnis des Gasvolumens der Gaskappe bei Schichtverhältnissen zum Erdölvolumen mit dem bei Schichtverhältnissen in ihm gelösten Gas; bei konstanter Schichtmächtigkeit ist dieses Verhältnis gleich dem Quotienten aus der Fläche im Umriß der Gasführung und der erdölführenden Fläche, die zwischen den Umrissen der Wasser- und Gasführung liegt:

$$\delta = \frac{Q_g v_0}{Q_0 u_0} \tag{30}$$

oder

$$Q_g v_0 = \delta Q_0 u_0 \tag{31}$$

und

$$Q_g = \frac{\delta Q_0 u_0}{v_0}; \tag{32}$$

$W$ – die Menge des in der Zeit des Druckabfalles von $P_0$ auf $P$ in die Schicht eingedrungenen Wassers, in Volumeneinheiten, bei Standardverhältnissen;

$w$ – die in derselben Zeit geförderte Wassermenge, in Volumeneinheiten, bei Standardverhältnissen;

$u$ – zweiphasiger Volumenkoeffizient für Schichtöl und Gas (Öl-Gas-Gemisch), der die Veränderung der Volumeneinheit des Erdöls berücksichtigt, wenn es nach der Kontakt-Methode durch Drucksenkung von $P_0$ auf $P$ untersucht wird. In diesem Falle entweichen aus dem Erdöl $r_0 - r$ Volumen Gas, die bei einem Druck $P$ im Kontakt mit dem Erdöl ein Volumen $(r_0 - r)\,v$ einnehmen; der zweiphasige Koeffizient erhält dann folgenden Ausdruck:

$$u = u_e + (r_0 - r)\,v \tag{33}$$

$$u_e = u - r_0 v + r v \tag{34}$$

Im Zusammenhang mit der Bestimmung der Volumenkoeffizienten des Schichtöls ist unbedingt zu beachten, daß der einphasige Koeffizient sich proportional zum Schichtdruck, der zweiphasige jedoch reziprok zum Schichtdruck (auf Kosten seiner Gasphase) verhält, d. h., mit der Vergrößerung des Druckes vermindert und mit der Verringerung des Schichtdruckes vergrößert er sich.

Betrachten wir nun die Methodik der Ableitung der Gleichungen der Materialbilanz in Übereinstimmung mit der oben dargelegten Situation.

### 3.31 Die Ableitung der Gleichung auf der Grundlage der Unveränderlichkeit der Summe der geförderten und in der Schicht verbliebenen Kohlenwasserstoffe

Die Gleichung der Materialbilanz stützt sich darauf, daß die ursprüngliche, für einen bestimmten Druck berechnete Kohlenwasserstoffmenge (in Volumeneinheiten) in der Schicht gleich der Summe der geförderten und in der Schicht verbliebenen Kohlenwasserstoffmenge (ebenfalls in Volumeneinheiten), für denselben Druck berechnet, ist. Da die Berechnung der in der Schicht verbliebenen Ölmenge schwierig ist, ist die obengenannte Bilanzierung der Kohlenwasserstoffe einfacher und genauer für Gas durchzuführen: die Volumenmenge des ursprünglich im Erdöl enthaltenen Gases, umgerechnet auf atmosphärischen Druck, ist gleich der Summe der Volumen des geförderten und in der Schicht verbliebenen Gases, ebenfalls auf atmosphärischen Druck umgerechnet.

#### 3.311 Einfaches unterirdisches Reservoir

Die Erdöl enthaltende Schicht hat bei Exploitationsbeginn keine Gaskappe, die Randwässer dringen nicht vor, das Volumen des Erdölreservoirs bleibt konstant. Eine Gasgewinnung aus der im Exploitationsprozeß entstehenden Gaskappe erfolgt nicht.

Die einzelnen Elemente der Materialbilanzgleichung sind folgende:

I. Der ursprüngliche Gasvorrat der Schicht, in Volumeneinheiten, reduziert auf Standardverhältnisse, ist $Q_0 r_0$.

II. Die Gasförderung in Volumeneinheiten bis zum Berechnungstage, an dem der mittlere Schichtdruck $P$ erreicht hat, ist bei Standardverhältnissen $Q_k r_m$.

III. In der Schicht ist am Berechnungstag Gas (bei Standardverhältnissen) in Volumeneinheiten verblieben:

1. In Form von im Restöl gelösten Gas $(Q_0 - Q_k)\, r$;
2. In Form von freiem Gas, das sich aus dem Erdöl ausgeschieden und eine Gaskappe (die vorher fehlte) bei einem Druck $P$ gebildet hat, durch:
   a) Freiwerden des Volumens $Q_k u_0$ in der Schicht als Folge der Entnahme von $Q_k$ Volumen Erdöl; in diesen Volumenraum sonderten sich aus dem Erdöl $\frac{Q_k u_0}{v}$ Volumen freies Gas ab, gemessen bei Standardverhältnissen;
   b) Freiwerden des Volumens $(Q_0 - Q_k)\,(u_0 - u_e)$ in der Schicht infolge „Schrumpfung" des in der Schicht verbliebenen Erdöls; in diesen Volumenraum sonderten sich aus dem Erdöl $\frac{(Q_0 - Q_k)\,(u_0 - u_e)}{v}$ Volumen freies Gas ab (bei Standardverhältnissen gemessen).

Die Gleichung der Materialbilanz erhält dann folgendes Aussehen (unter der Bedingung, daß aus der Gaskappe kein Gas gefördert wird):

$$Q_0 r_0 = Q_k r_m + (Q_0 - Q_k) r + \frac{Q_k u_0 + (Q_0 - Q_k)\,(u_0 - u_e)}{v}\,. \tag{35}$$

Durch Umwandlung erhalten wir:

$$Q_0\,(r_0 v - r v - u_0 + u_e) = Q_k\,(r_m v - r v + u_e)\,.$$

Wenn aus Formel (34) der Ausdruck für $u_e$ eingesetzt und die Gleichung geordnet wird, erhalten wir:

$$Q_0\,(u - u_0) = Q_k\,(r_m v - r_0 v + u)$$

oder endgültig

$$Q_0 = \frac{Q_k\,[u + (r_m - r_0)\,v]}{u - u_0}\,. \tag{36}$$

### 3.312 Kompliziertes unterirdisches Reservoir

Die Schicht enthält mit Gas gesättigtes Öl; eine Gaskappe ist schon bei Beginn der Förderung vorhanden; während des Abbaus wird beobachtet, daß Randwässer eindringen. Betrachten wir die Gasbilanz (in Volumeneinheiten) bei Entnahme von $Q_k$ Volumen Erdöl und einem Druckabfall von $P_0$ auf $P$.

I. Der ursprüngliche Gasinhalt der Schicht bei Beginn der Förderung, gemessen bei Standardbedingungen in Volumeneinheiten, setzt sich zusammen:

1. Aus freiem Gas in der Gaskappe nach der Gleichung (32):

$$Q = \frac{\delta Q_0 u_0}{v_0} ;$$

2. Aus in Erdöl gelöstem Gas $Q_0 r_0$.

Der ursprüngliche Gasinhalt der Schicht bei Beginn der Förderung ist unter Standardverhältnissen somit gleich:

$$\frac{\delta Q_0 u_0}{v_0} + Q_0 r_0 .$$

II. Die zusammen mit $Q_k$ Volumen Erdöl bis zum Berechnungstage geförderte Gasmenge (in Volumeneinheiten) ist bei einem mittleren Schichtdruck $P$ unter Standardbedingungen $Q_k r_m$.

III. Verblieben in der Schicht ist Gas (in Volumeneinheiten) am Tage der Berechnung bei einem Druck $P$ (gemessen bei Standardbedingungen):

1. Als freies Gas im Volumen der ursprünglichen Gaskappe:

$$\frac{\delta Q_0 u_0}{v} .$$

2. Als freies Gas, das das frei gewordene Volumen der Schicht ausfüllt:
   a) infolge Schrumpfung des in der Schicht verbliebenen Erdöls um $(Q_0 - Q_k)(u_0 - u_e)$;
   b) infolge des Freiwerdens von Volumen durch Entnahme von $Q_k$ Volumen Erdöl im Umfange von $Q_k u_0$.

   Das gesamte frei gewordene Porenvolumen beträgt somit:

$$(Q_0 - Q_k)(u_0 - u_e) + Q_k u_0 .$$

Jedoch nicht dieses ganze frei gewordene Schichtvolumen kann von freiem Gas gefüllt werden; ein Teil dieses Volumens wird von in die Schicht eindringendem Wasser eingenommen, dessen Volumen bei Abzug des geförderten Wassers gleich $W - w$ ist.

Der durch Schrumpfung und Entnahme von $Q_k$ Volumen Erdöl frei gewordene Porenraum muß daher für Schichtverhältnisse um die Größe $W - w$ verringert werden und beträgt:

$$(Q_0 - Q_k)(u_0 - u_e) + Q_k u_0 - (W - w).$$

Das berechnete frei gewordene Porenvolumen wird von aus der Schicht bei einem Druckabfall von $P_0$ auf $P$ ausströmendem freiem Gas eingenommen. In diesem Porenvolumen hat bei einem Druck $P$, gemessen bei Standardbedingungen, folgendes Gasvolumen Platz:

$$\frac{(Q_0 - Q_k)(u_0 - u_e) + Q_k u_0 - (W - w)}{v}.$$

3. Als gelöstes Gas des in der Schicht verbliebenen Erdöls $(Q_0 - Q_k) r$.

Die Gleichung der Materialbilanz ist in diesem Fall, wenn aus der Gaskappe kein Gas gefördert wird:

$$\frac{\delta Q_0 u_0}{v_0} + Q_0 r_0 = Q_k r_m + \frac{\delta Q_0 u_0}{v} + \frac{(Q_0 - Q_k)(u_0 - u_e)}{v} +$$

$$+ \frac{Q_k u_0 - (W - w)}{v} + (Q_0 - Q_k) r. \qquad (37)$$

Wir vereinfachen:

$$Q_0 \left( \frac{\delta u_0 v}{v_0} + r_0 v - \delta u_0 - u_0 + u_e - r v \right) =$$

$$= Q_k (r_m v - u_0 + u_e + u_0 - r v) - (W - w).$$

Wenn statt $u_e$ der Wert aus der Formel (34) eingesetzt, die Formel geordnet wird, erhalten wir

$$Q_0 = \frac{Q_k [u + (r_m - r_0) v] - (W - w)}{u - u_0 + \frac{\delta u_0}{v_0} (v - v_0)}. \qquad (38)$$

Ein Vergleich der Formeln (38) und (36) zeigt: Letztere ist ein Sonderfall der Formel (38), wenn die Schicht bei Beginn der Förderung keine Gaskappe ($\delta = 0$) besitzt, und eindringendes Randwasser fehlt, d. h., $W - w = 0$.

Nach der Formel (38) kann eine Formel für die Berechnung von Erdölvorräten in einem Lager ohne primäre Gaskappe ($\delta = 0$), aber mit eindringendem Randwasser, gegeben werden:

$$Q_0 = \frac{Q_k [u + (r_m - r_0) v] - (W - w)}{u - u_0}. \qquad (39)$$

Schließlich kann aus der Formel (38) auch eine Formel für die Berechnung von Erdölvorräten in Lagern erhalten werden, die bei Beginn der Förderung eine Gaskappe haben, bei denen expansives Randwasser jedoch fehlt, d. h., $W - w = 0$.

Die Formel lautet in diesem Falle:

$$Q_0 = \frac{Q_k \left[u + (r_m - r_0)\, v\right]}{u - u_0 + \frac{\delta\, u_0}{v_0}(v - v_0)}\,. \tag{40}$$

### 3.32 Die Ableitung der Gleichung auf der Grundlage der Unveränderlichkeit des Porenvolumens, das ursprünglich durch Erdöl und Erdgas eingenommen wurde

Es wird also davon ausgegangen, daß das unter Schichtverhältnissen infolge Erdöl-, Erdgas- und Wasserförderung sowie der Erdölschrumpfung frei gewordene Porenvolumen gleich dem Porenvolumen ist, das infolge Ausdehnung der Gaskappe, Aussonderung von Gas aus dem Erdöl sowie Eindringen von Wasser in die Schicht besetzt wurde. Die Unveränderlichkeit des Schichtvolumens gilt somit für alle Perioden der Gewinnung, obgleich ein Teil dieses ursprünglich nur von Gas und Öl ausgefüllten Volumens später von expansiven Randwässern eingenommen werden kann.

Die Rolle des gebundenen Wassers wird hierbei nicht berücksichtigt, da unterstellt wird, daß dieses Wasser an der Umverteilung von Erdöl, Erdgas und Randwasser nicht teilnimmt.

Bei der Ableitung der Materialbilanzgleichung werden die früher festgelegten Bezeichnungen beibehalten.

Betrachten wir wiederum zwei Reservoirtypen – den einfachen und den komplizierten.

#### 3.321 Einfaches unterirdisches Reservoir

Die erdölführende Schicht hat bei Beginn der Förderung keine Gaskappe; Randwässer dringen nicht in die Schicht ein, und das Schichtvolumen bleibt konstant. Gas wird aus der im Verlaufe der Förderung entstehenden Gaskappe nicht entnommen.

Die Ableitung der Materialbilanzgleichung kann in diesem Falle auf Grund folgender Überlegungen erfolgen:

I. Das in der Schicht frei gewordene Porenvolumen setzt sich bei einem Druckabfall von $P_0$ auf $P$ zusammen:

1. Aus dem Volumen, das unter Schichtbedingungen infolge Entnahme von $Q_k$ Volumen Erdöl frei geworden ist:

$$Q_k u_0 ;$$

2. aus dem Volumen, das unter Schichtbedingungen infolge Volumenverminderung des in der Schicht verbliebenen Erdöls frei geworden ist:

$$(Q_0 - Q_k)(u_0 - u_e);$$

3. aus dem Volumen, das infolge der Entnahme einer gewissen Menge überschüssigen Gases (über das im Erdöl gelöste Gas hinaus) zusammen mit $Q_k$ Ölvolumen frei geworden ist. Da jede Einheit (bei Standardbedingungen) des entnommenen überschüssigen Gases in der Schicht bei einem Druck $P$ ein Volumen $v$ einnimmt, werden unter Schichtverhältnissen

$$Q_k (r_m - r_0) v$$

Volumen frei.

II. Das in der Schicht bei einer Senkung des Druckes von $P_0$ auf $P$ eingenommene Porenvolumen wird durch das freie Gas charakterisiert, das sich beim Druckabfall von $P_0$ auf $P$ aus dem in der Schicht verbliebenen Erdöl frei macht. Da jede Volumeneinheit (gemessen bei Standardbedingungen) des aus dem Erdöl frei gewordenen Gases bei einem Druck $P$ unter Schichtbedingungen ein Volumen $v$ einnimmt, ist das Volumen des freien Gases, das von dem Erdöl abgegeben wurde, gleich

$$(Q_0 - Q_k)(r_0 - r) v.$$

Bei Konstanz des Porenvolumens muß das in der Schicht frei gewordene Porenvolumen gleich dem besetzten Porenvolumen sein.

Die Gleichung der Materialbilanz nimmt dann folgende Form an:

$$Q_k u_0 + (Q_0 - Q_k)(u_0 - u_e) + Q_k (r_m - r_0) v = (Q_0 - Q_k)(r_0 - r) v \quad (41)$$

Wenn die Gleichung vereinfacht und anstelle von $u_e$ der gleichwertige Ausdruck $u - (r_0 - r) v$ eingesetzt wird, erhalten wir:

$$Q_0 = \frac{Q_k [u + (r_m - r_0)] v}{u - u_0} . \quad (36)$$

Ein Vergleich mit der Formel (36) zeigt ihre Identität.

Bei der Lösung der gestellten Aufgabe kommen wir, von ganz anderen Überlegungen ausgehend, auf diese Weise schließlich zu ein und derselben Formel.

### 3.322 Kompliziertes unterirdisches Reservoir

Die Schicht enthält mit Gas gesättigtes Erdöl; eine Gaskappe besteht schon bei Beginn der Förderung; während des Abbaus wird das Eindringen von Randwasser beobachtet. Aus der Gaskappe wird kein Gas gefördert.

Das ursprüngliche, mit Öl und Gas gefüllte Porenvolumen der Schicht setzt sich zusammen:

1. Aus dem Teil des Porenvolumens der Schicht, der von Erdöl mit in diesem gelösten Gas eingenommen wird: $Q_0 u_0$;
2. aus dem Teil des Porenvolumens, der von freiem Gas der Gaskappe ausgefüllt wird: $Q_g v_0$.

Das von Erdöl und Gas eingenommene ursprüngliche Porenvolumen ist also bei Schichtbedingungen gleich:

$$Q_0 u_0 + Q_g v_0 . \tag{42}$$

Betrachten wir die Umverteilung des Porenvolumens, das von Erdöl (mit dem in ihm gelösten Gas), freiem Gas und dem Wasser eingenommen wird, das in die Schicht als Folge der Entnahme von $Q_k$ Volumen Erdöl und des Druckabfalles in der Schicht von $P_0$ auf $P$ eindringt.

I. Der in der Schicht bei einem Druckabfall von $P_0$ auf $P$ frei gewordene Porenraum setzt sich zusammen:

1. Aus dem Volumen, das bei Schichtbedingungen durch Entnahme von $Q_k$ Volumen Erdöl entsteht: $Q_k u_0$;
2. aus dem Volumen, das sich in der Schicht durch die Ölschrumpfung bildet: $(Q_0 - Q_k)(u_0 - u_e)$;
3. aus dem Volumen, das durch Entnahme einer gewissen Menge überschüssigen Gases (über das im Erdöl gelöste hinaus) zusammen mit der Entnahme von $Q_k$ Volumen frei wird; da jede Einheit (bei Standardbedingungen) des entnommenen überschüssigen Gases in der Schicht bei einem Druck $P$ ein Volumen $v$ einnimmt, ist das frei gewordene Volumen unter Schichtbedingungen:
$$Q_k (r_m - r_0)\, v;$$
4. aus dem Volumen, das durch Entnahme einer bestimmten Wassermenge – $w$ – frei wurde.

Dieser in der Schicht frei gewordene Porenraum wird vom freien Gas der sich ausdehnenden Gaskappe, dem aus dem Erdöl entströmenden Gas und dem eindringenden Randwasser eingenommen.

Da wir die veränderten Schichtverhältnisse bei einem gewissen Druck $P$ betrachten, kann es vorkommen, daß bei ungenügend aktivem Eindringen des Wassers in die Schicht der Druck im frei gewordenen Volumen (in der Schicht) unter $P$ liegt.

Um die von uns gestellte Bedingung zu erfüllen – Aufrechterhaltung eines Schichtdruckes gleich $P$ –, muß in die Gaskappe eine gewisse Menge Gas $g$ eingepumpt werden (gemessen bei Standardbedingungen).

Wenn diese Maßnahme zur Aufrechterhaltung des von uns gewünschten Druckes $P$ nicht ausreicht, ist es gleichzeitig notwendig, hinter der Grenze der Erdölführung eine gewisse Wassermenge $w_i$ einzupumpen, wodurch der Druck $P$ (bei dem wir die Schicht nach Entnahme von $Q_k$ Volumen Erdöl untersuchen) erhalten wird.

In Übereinstimmung mit den dargelegten Erwägungen betrachten wir den Charakter der Umverteilung von Erdöl, Gas und Wasser in der Schicht und der Einnahme des infolge Druckabfalles von $P_0$ auf $P$ frei gewordenen Volumens.

II. Das bei einem Druckabfall von $P_0$ auf $P$ in der Schicht eingenommene Porenvolumen setzt sich zusammen:

1. Aus dem Volumen, das durch die sich ausdehnenden freien Gase der Gaskappe eingenommen wird. Der ursprüngliche Gasinhalt der Gaskappe war bei Standardbedingungen wie früher dargelegt:

$$Q_g = \frac{\delta Q_0 u_0}{v_0}. \tag{32}$$

Eine Volumeneinheit Gas (bei Standardverhältnissen) nimmt unter Schichtverhältnissen bei einem Druck $P_0$ das Volumen $v_0$ ein, bei einem Druck $P$ – das Volumen $v$ $(v > v_0)$. Das vom freien Gas der Gaskappe infolge Ausdehnung bei Schichtverhältnissen zusätzlich eingenommene Volumen beträgt:

$$Q_g v - Q_g v_0 = \frac{\delta Q_0 u_0}{v_0} (v - v_0).$$

2. Aus dem Volumen, das vom freien, aus dem in der Schicht verbliebenen Erdöl bei einem Druckabfall von $P_0$ auf $P$ sich frei machenden Gas eingenommen wird. Da jede Volumeneinheit (gemessen bei Standardbedingungen) des sich aus dem Erdöl frei machenden Gases bei einem Druck $P$ unter Schichtverhältnissen ein Volumen $v$ hat, ist das Volumen, das vom freien, sich aus dem in der Schicht verbliebenen Erdöl abgeschiedenen Gas eingenommen wird (unter Schichtverhältnissen):

$$(Q_0 - Q_k)(r_0 - r) v.$$

3. Aus dem Volumen, das von dem in die Schicht eingedrungenen Wasser $w$ eingenommen wird;

4. aus dem Volumen, das von dem in die Schicht eingepumpten Wasser $w_i$ (in Volumeneinheiten) eingenommen wird, wenn das in die Schicht eindringende Randwasser den für das Lager angenommenen mittleren Schichtdruck $P$ nicht sichern kann;
5. aus dem Volumen des in die Schicht eingepumpten Gases $g_i$ (in Volumeneinheiten bei Standardbedingungen), wenn das in die Schicht eingepumpte Wasservolumen ($w_i$) den für die Schicht angenommenen mittleren Schichtdruck nicht sichern kann. Da jede Volumeneinheit Gas (bei Standardbedingungen) unter Schichtverhältnissen bei einem Druck $P$ das Volumen $v$ einnimmt, entspricht das eingepumpte Gasvolumen $g_i$ (gemessen bei Standardbedingungen) unter Schichtbedingungen dem Volumen $g_i\, v$.

Nach dem Gesetz der Unveränderlichkeit des Porenvolumens muß der in der Schicht bei einem Druckabfall von $P_0$ auf $P$ frei gewordene Porenraum gleich dem vom freien Gas und Wasser eingenommenen sein.

Die Gleichung der Materialbilanz lautet dann folglich:

$$Q_k u_0 + (Q_0 - Q_k)(u_0 - u_e) + Q_k (r_m - r_0) v + w =$$
$$= \frac{\delta Q_0 u_0}{v_0} (v - v_0) + (Q_0 - Q_k)(r_0 - r) v + W + w_i + g_i v\,. \quad (43)$$

Durch Umwandlung der Gleichung und Einsetzen des identischen Ausdrucks $u - (r_0 - r) v$ für $u_e$ erhalten wir:

$$Q_0 u - Q_0 u_0 + \frac{\delta u_0 Q_0}{v^0} (v - v_0) =$$
$$= Q_k u - Q_k r_0 v + Q_k r_m v - W - w_i - g_i v + w$$

und endgültig:

$$Q_0 = \frac{Q_k [u + (r_m - r_0) v] - (W + w_i - w) - g_i v}{u - u_0 + \frac{\delta u_0}{v_0} (v - v_0)}\,. \quad (44)$$

Dieser Ausdruck vereinfacht sich, wenn es nicht notwendig ist, Wasser und Gas einzupumpen, da sich die entsprechenden Glieder $w_i$ und $g_i v$ in Null verwandeln. Wir erhalten dann einen Ausdruck, der völlig mit der früher erhaltenen Gleichung (38) übereinstimmt:

d. h., $$Q_0 = \frac{Q_k [u + (r_m - r_0) v] - (W - w)}{u - u_0 + \frac{\delta u_0}{v_0} (v - v_0)}\,. \quad (38)$$

Die von uns abgeleiteten Gleichungen sind somit zur Bestimmung der Bilanz(Ausgangs)vorräte von Erdöl und Erdgas geeignet; sind die ursprünglichen Erdölvorräte bekannt, können sie auch zur Bestimmung der Mengen Wasser und Gas benutzt werden, die zur Aufrechterhaltung des einen oder anderen mittleren Schichtdruckes in die Schicht gepumpt werden müssen.

Die Berechnung der Erdölvorräte nach der abgeleiteten Gleichung ist – wie oben schon erwähnt wurde – besonders einfach für Schichten, bei denen keine Imigration des Randwassers beobachtet wird (d. h. für Schichten, die im allgemeinen ein Gasregime ohne aktive Wasserbewegung haben).

Dringt Wasser in die Schicht ein, muß die eingedrungene Menge $W$ bestimmt werden. Es gibt dafür verschiedene Methoden. Die einfachste und ausreichend genaue Methode stützt sich auf die Bestimmung der Größe der überfluteten Fläche seit Beginn der Förderung bis zum Tage der Berechnung, wenn die ursprünglichen und gegenwärtigen (zum Berechnungstage) Grenzen der Erdölführung bekannt sind. In diesem Falle ist

$$W = F\, m\varphi\, \beta\; 0{,}8, \tag{45}$$

wo $F$ – die überflutete Fläche [m²];
$m$ – die effektive mittlere Mächtigkeit der Schicht im überfluteten Teil der Fläche [m];
$\varphi$ – der Koeffizient der offenen Porosität;
$\beta$ – der Ölsättigungskoeffizient;
0,8 – der Gewinnungskoefffzient[1]) sind, d. h., es wird angenommen, daß 0,2 des Vorrats bei der gegenwärtigen Technologie der Erdölgewinnung in der Erde verbleibt.

Schilthuis bestimmt das in die Schicht eingedrungene Wasser auf Grund der im Förderfeld erhaltenen Daten und den festgestellten Perioden konstanten Schichtdruckes bei konstant bleibender Förderung (Erdöl und Wasser). Aus der Untersuchung dieser Angaben leitet er eine Gleichung zur Bestimmung des in die Schicht eingedrungenen Wassers ab.

Hurst berechnet das in die Schicht eingedrungene Wasser, indem er den Charakter der Verteilung der Schichtdrücke im Lager und innerhalb des Wasserdrucksystems untersucht.

Woods und Muskat stellen zur Bestimmung des in die Schicht eingedrungenen Wassers vier Gleichungen auf, die die Größe des Vorrats und

[1]) Dieser Koeffizient darf nicht mit dem Exploitationskoeffizient verwechselt werden. Beide berücksichtigen verschiedene Umstände: Der Exploitationskoeffizient – Stillstandszeiten u. ä. während der Exploitation; der Gewinnungskoeffizient berücksichtigt dagegen den Umstand, daß es gegenwärtig auch bei Anwendung von Sekundärverfahren nicht möglich ist, die im Speicher enthaltene Erdölmenge vollständig zu gewinnen. In älteren deutschen Arbeiten findet sich hierfür die Bezeichnung Ausbeutefaktor. (D. R.)

das Mengenverhältnis des freien Gases, Öls und in die Schicht eingedrungenen Wassers (unbekannte Größe) für die Schicht charakterisieren usw.

F. A. Grischin schlägt vor, das in die Schicht eingedrungene Wasser durch das Studium der dynamischen Veränderung des Schichtdruckes in Abhängigkeit von der Flüssigkeitsentnahme im Exploitationsprozeß zu bestimmen.

Bei einem solchen Verfahren der Bestimmung des in die Schicht eingedrungenen Wassers geht er von der Gleichheit des „befreiten" und „besetzten" Porenvolumens aus. Es wird angenommen, daß jenes Porenvolumen das durch Entnahme einer gewissen Flüssigkeitsmenge (Erdöl, Gas und Wasser) aus der Schicht frei wurde, unbedingt ausgefüllt wird. Diese Ausfüllung der Poren erfolgt (wenn die Schicht kein freies Gas enthält) teils durch das in die Schicht eingedrungene Wasser, teils aber durch die Auswirkungen der elastischen Eigenschaften der Schichtflüssigkeit und des Gesteins.

Für einen beliebigen Zeitpunkt gilt daher die Gleichung:

$$V_k + V_w = V_{Fl.} + V_n + W$$

oder

$$W = V_k + V_w - V_{Fl.} - V_n\,, \tag{46}$$

wo $V_k$ – das bis zum Tage der Berechnung durch Entnahme von Erdöl und Erdgas frei gewordene Porenvolumen [$m^3$];

$V_w$ – das bis zum gleichen Tage durch Entnahme von Wasser frei gewordene Porenvolumen [$m^3$];

$V_{Fl.}$ – das infolge Elastizität der Schichtflüssigkeit eingenommene Porenvolumen [$m^3$];

$V_n$ – das infolge Elastizität der Gesteine eingenommene Porenvolumen [$m^3$];

$W$ – Volumen des in die Schicht eingedrungenen Wassers [$m^3$] sind.

Die auf der rechten Seite der Gleichung (45) stehenden Werte sind

1. $$V_k = Q_k\, u_0\,,$$

wo $Q_k$ – die kumulative Menge des bis zum Berechnungstage entnommenen Erdöls, gemessen bei Oberflächenbedingungen [$m^3$];

$u_0$ – der Volumenkoeffizient des Schichtöls (bei Beginn der Förderung) sind.

2. $$V_w = Q_w\, \lambda\,,$$

wo $Q_w$ – das kumulative Volumen des bis zum Berechnungstage geförderten Wassers, gemessen bei Oberflächenbedingungen [$m^3$];

$\lambda$ – der Volumenkoeffizient des Schichtwassers sind.

3. $$V_n = \psi_n Q_n \Delta P\,,$$

wo $\psi_n$ – der Kompressibilitätskoeffizient für das Gestein [1/at];
$Q_n$ – das Volumen der ganzen Schicht [$m^3$];
$\Delta P$ – der Druckabfall von $P_0$ auf den laufenden Druck $P$ [at].
($\Delta P = P_0 - P$) sind.

4. $$V_{Fl.} = \psi_{Fl.} Q_{Fl.} \Delta P\,,$$

wo $\psi_{Fl.}$ – der Kompressibilitätskoeffizient für die Schichtflüssigkeit [1/at];
$Q_{Fl.}$ – das Volumen der ganzen Schichtflüssigkeit [$m^3$];
$\Delta P$ – der Druckabfall von $P_0$ auf $P$ [at] sind.

Die Gleichung (46) kann folglich geschrieben werden:

$$W = Q_k u_0 + Q_w \lambda - \psi_{Fl.} Q_{Fl.} \Delta P - \psi_n Q_n \Delta P$$

oder

$$W = Q_k u_0 + Q_w \lambda - \Delta P (\psi_{Fl.} Q_{Fl.} + \psi_n Q_n)\,. \qquad (47)$$

$\psi_{Fl.}$, $\psi_n$ und $Q_n$ sind für den betreffenden Horizont konstante Größen. $Q_{Fl.}$ kann innerhalb eines Wasserdrucksystems in erster Annäherung ebenfalls als konstant betrachtet werden, da in der Regel im Vergleich zum Flüssigkeitsinhalt des ganzen Wasserdrucksystems ein sehr kleiner prozentualer Anteil der Flüssigkeit entnommen wird.

Unter diesem Gesichtspunkt kann davon ausgegangen werden, daß $(\psi_{Fl.} Q_{Fl.} + \psi_n Q_n)$ für den betreffenden Horizont eine konstante Größe ist, die zur Vereinfachung durch die Konstante $x$ ersetzt wird und die die Elastizität der Schicht sowie der Schichtflüssigkeit für 1 at Druck angibt.

Die Gleichung (47) kann dann geschrieben werden:

$$W = Q_k u_0 + Q_w \lambda - \Delta P x\,. \qquad (48)$$

Im Anfangsstadium der Förderung wird die Flüssigkeit aus der Schicht gewöhnlich (bei elastischem Wasserdruckregime) durch die Wirkung der elastischen Eigenschaften der Schichtflüssigkeit und des Gesteins gewonnen. Die Menge des in die Schicht eindringenden Wassers kann in diesem Falle gleich Null gesetzt und aus der Gleichung (48), in der die anderen Größen bekannt sind, $x$ bestimmt werden. Nachdem $x$ ermittelt wurde, kann eine Gleichung (analog 48) für den entsprechenden Zeitpunkt aufgestellt und leicht die Menge des in die Schicht eingedrungenen Wassers bestimmt werden, da $Q_k$, $Q_w$, $\Delta P$ für diesen Stichtag bekannt und die Größen $u_0$ und $\lambda$ konstant sind.

$\Delta P$ wird für jeden Zeitpunkt als Differenz aus dem ursprünglichen mittleren Schichtdruck $P_0$ und dem mittleren laufenden Schichtdruck $P$ am Berechnungstag bestimmt ($P$ wird als mit der Fläche oder dem Rauminhalt der Schicht gewogenes Mittel mit Hilfe der Isobarenkarte[1]) bestimmt).

Bei der Anwendung der Methode der Materialbilanz müssen folgende Größen und Parameter bestimmt werden:

1. *Die kumulative Förderung an Erdöl* ($Q_k$) bis zum Stichtag der Berechnung in $m^3$, d. h. die gesamte Ölförderung seit Beginn der Förderung bis zum Tage der Berechnung.

2. *Die Anzahl der Gasvolumen*, die in 1 $m^3$ Erdöl bei Beginn der Förderung ($r_0$) und zum Tage der Berechnung ($r$) gelöst ist, in $m^3/m^3$.

Diese Werte werden entweder im Laboratorium nach Tiefenproben des Schichtöls bestimmt oder nach in der Fachliteratur angegebenen Diagrammen der Löslichkeit des Gases im Erdöl in Abhängigkeit vom mittleren Schichtdruck.

3. *Das mittlere Gas-Öl-Verhältnis* ($r_m$) wird für die ganze Exploitationszeit bis zum Berechnungstage als Quotient aus der kumulativen

---

[1]) Isobarenkarten, d. h. Karten gleicher Schichtdrücke, werden angefertigt – gewöhnlich für jedes Quartal oder Halbjahr –, um die Druckverteilung in einer erdölführenden Schicht während der Exploitation zu untersuchen. Daneben dienen sie zur Lösung einer Vielzahl von Aufgaben. Wenn Angaben über den Druck in den Bohrungen – für einen einheitlichen Zeitpunkt – vorliegen, erfolgt die Konstruktion von Isobarenkarten methodisch analog der von Strukturkarten. Allerdings ist das nur bei flacheinfallenden Schichten so einfach möglich, bei denen der Fallwinkel den Schichtdruck nur geringfügig, d. h. innerhalb der Genauigkeitsgrenzen, beeinflußt. In allen anderen Fällen kann der Einfluß des Fallwinkels vorhandene Druckanomalien maskieren. Man unterscheidet zwei Arten Isobarenkarten: relative und tatsächliche Isobaren. Die Umrechnung der gemessenen Sohlendrücke auf ein einheitliches Niveau – gewöhnlich die Höhenlage des Meeresspiegels – führt zu „relativen" Isobaren. Praktisch wird dazu der Druck in seine Äquivalentsäule Wasser oder Erdöl umgerechnet. Die Höhe dieser Säule ist:

$$h = \frac{P \cdot 10}{\gamma_e},$$

wo $h$ – Höhe der Erdölsäule in Meter; $P$ – Sohlendruck in at; $\gamma_e$ – spez. Gewicht für Erdöl sind. Dann ist die relative Isobare: $i_r = h - L + H$, wo $i_r$ – die auf Meeresspiegel bezogene Isobare in Meter (das Pluszeichen besagt – über, das Minuszeichen – unter Meeresspiegel); $h$ die – Erdölsäule in Meter (vom Dach der Schicht gerechnet); $L$ – Tiefe der Sonde bis zum Dach der Schicht, in Meter; $H$ – die Altitude des Bohrlochmundes, in Meter sind. Karten relativer Isobaren sind eine wichtige Unterlage für Analysen des Abbaus einer Schicht, da sie das bunte Bild der Druckverteilung bei ungleichmäßiger Förderung widerspiegeln. Wenn solche Karten auf Strukturkarten des gleichen Lagerstättenabschnitts gelegt werden, geben die Schnittpunkte der relativen Isobaren und Isohypsen des Schichtreliefs die tatsächlichen Isobaren. Karten der tatsächlichen Isobaren werden am zweckmäßigsten in Atmosphären (nicht in Metern der äquivalenten Wasser- oder Erdölsäule) gezeichnet. Praktisch kann die tatsächliche Isobare ($i_t$) errechnet werden aus $\pm i_r - (\pm h) = i_t$, wo $h$ – die Isohypse des Daches der Schicht in Metern ist. Die Rückrechnung auf Atmosphären erfolgt nach $P = \frac{i_t \cdot \gamma_e}{10}$. Karten der tatsächlichen Isobaren dienen u. a. zur Ermittlung des mittleren Schichtdruckes. (D. R.)

Förderung an Gas ($Q_g$ in m³) und der kumulativen Erdölförderung ($Q_k$ in m³) bestimmt:

$$r_m = \frac{Q_g}{Q_k} \quad [\mathrm{m^3/m^3}]\,. \tag{49}$$

4. *Die Volumenkoeffizienten des Schichtöls* für den Beginn der Förderung ($u_0$) und den Tag der Berechnung ($u_e$) werden nach Formel (34), Abb. 5 (Kapitel 3.3), ermittelt.
5. *Die Volumenkoeffizienten des Schichtgases* für den Beginn der Förderung ($v_0$) und den Tag der Berechnung ($v$) werden nach Formel (29) bestimmt.
6. *Der zweiphasige Volumenkoeffizient* des Schichtöls ($u$) wird nach Formel (33) berechnet.
7. *Der gasführende Teil des Schichtvolumens* ($\delta$) im Verhältnis zum ölführenden Teil: bei gleichbleibender Mächtigkeit der produktiven Schicht innerhalb der ganzen Fläche ist $\delta$ gleich dem Verhältnis der gasführenden Fläche der Schicht zur erdölführenden.
8. *Das in die Schicht eindringende Wasser* ($W$) wird nach den Formeln (45) und (48) berechnet.
9. *Die geförderte Wassermenge* ($w$) wird ab Beginn der Förderung in m³ berechnet.

Die dynamischen Koeffizienten ($r, r_0, u, u_0, u_e, v, v_0$) werden für die mittleren Schichtdrücke bestimmt, die nach den konstruierten Isobarenkarten berechnet werden.

Nach der Instruktion[1]) müssen bei der Vorratsberechnung nach der Methode der Materialbilanz vorliegen:

a) im Labor ermittelte Daten über die Löslichkeit des Gases im Erdöl und die sich hieraus ergebenden Veränderungen des Ölvolumens bei Schichtverhältnissen und verschiedenen Drücken;

b) Daten über die Veränderungen des Volumens der Kohlenwasserstoffgase bei verschiedenen Drücken unter Berücksichtigung ihrer Abweichung von den Gesetzen für ideale Gase;

c) Angaben über die Umrisse der Erdöl- und Gasführung sowie Daten über das mittlere Gas-Öl-Verhältnis;

d) Angaben über die Erdöl-, Erdgas- und Wasserführung seit Beginn der Förderung aus dem Horizont (summarisch und nach Monaten);

e) Angaben über das Arbeitsregime des Horizonts, über dynamische Veränderungen der Schichtdrücke sowie alle Ausgangsdaten für die Konstruktion von Isobarenkarten.

---

[1]) Der Autor bezieht sich hier auf die sowjetische Erdöl-Erdgas-Instruktion. (D. R.)

Bei der Berechnung der Vorräte nach der Methode der Materialbilanz ist zu beachten, daß der Bilanz(Ausgangs)vorrat ($Q_o$) berechnet wird. Bei der Berechnung des gewinnbaren (industriellen) Vorrates ($Q_i$) muß entsprechend dem Arbeitsregime der Schicht und dem vorgesehenen Fördersystem ein Koeffizient der Ölabgabe eingeführt werden. Wenn dieser Abgabekoeffizient gleich $\eta$ ist, erhalten wir den gewinnbaren Vorrat in der Größe:

$$Q_i = Q_o \eta .$$

## 3.4 Wahl der Berechnungsmethode der Erdölvorräte in Abhängigkeit vom Regime und dem Erkundungsgrad des Lagers

Die vorliegenden geologischen Verhältnisse entscheiden über die Möglichkeit der erfolgreichen Anwendung der einen oder anderen Berechnungsmethode der Erdölvorräte. Die wichtigste Frage bei der Wahl der Berechnungsmethode ist das Arbeitsregime und der Erkundungsgrad des Lagers.

Wird die Berechnungsmethode in Abhängigkeit vom Regime des Lagers gewählt, muß man sich von folgendem leiten lassen:

1. Liegt ein effektives Wasserdruckregime vor, ist nur die Volumen-Methode anwendbar.
2. Bei nichteffektivem Wasserdruckregime und kombiniert mit einem Regime des gelösten Gases (wenn der Schichtdruck unter den Druck abfällt, bei welchem sich Gas in Öl löst) können die Methode der Materialbilanz und die statistische Methode angewandt werden. Am besten ist jedoch auch in diesem Falle die Volumen-Methode.
3. Liegt ein Gaskappenregime vor, können alle drei Methoden angewendet werden.
4. Dasselbe gilt für ein Regime des gelösten Gases.
5. Beim Gravitationsregime ist nur die Volumen-Methode anzuwenden (auch die Volumen-Gewichts-Variante dieser Methode ist günstig).

Die universellste Methode ist somit die Volumen-Methode (mit ihren Varianten). Treten bedeutende fazielle Veränderungen in den Schichten auf, d. h. ist es sehr schwer, die mittleren Werte für die Mächtigkeit, Porosität und anderen Parameter zu bestimmen, kann die Anwendung der Volumen-Methode äußerst erschwert sein. Solche Bedingungen und eine solche Schichtcharakteristik finden wir nicht selten bei Schichten mit einem Regime des gelösten Gases; in diesem Falle dürfte in Abhängigkeit von den vorliegenden Daten die Anwendung der statistischen Methode oder der Methode der Materialbilanz zweckmäßiger sein, da sie bei der Berechnung der Vorräte nicht die Kenntnis des Schichtvolumens und der entsprechenden Parameter voraussetzen.

Die Anwendung der Methode der Materialbilanz kann jedoch in diesem Falle dadurch erschwert sein, daß infolge der Förderverhältnisse und faziellen Veränderlichkeit der Schicht die Schichtdrücke sehr ungleich verteilt sind. Dann kann nur die Anwendung der statistischen Methode, trotz ihrer Unzulänglichkeiten, zum Erfolg führen. Liegt ein effektives Wasserdruckregime vor, ist die statistische Methode nicht anwendbar, da sich in diesem Falle die Beziehung der vorausgegangenen zu den nachfolgenden Förderraten nicht aus dem kontinuierlichen Abfall des Schichtdruckes ergibt, sondern von der Größe der laufenden Flüssigkeitsentnahme abhängt. Nicht anwendbar ist in diesem Falle auch die Methode der Materialbilanz, da in der Formel

$$Q_0 = \frac{Q_k\,[u + (r_m - r_0)\,v] - (W - w)}{u - u_0} \tag{39}$$

$r_m - r_0 = u = O$; $u = u_0$; $Q_k\,u = W - w$ ist. Das führt zu einer unbestimmten Lösung bei der Berechnung der Erdölvorratsziffern.

Wird die Berechnungsmethode nach dem Erkundungsgrad (den Vorratskategorien) gewählt, muß man sich von folgendem leiten lassen:

1. Kategorie A. Dieser Vorrat kann nach der Volumen-Methode, der Methode der Materialbilanz und der statistischen Methode berechnet werden. Im letzten Falle wird dieser Vorrat – wie bereits erläutert wurde – als Summe der nach der statistischen Methode getrennt berechneten Vorräte der alten Kategorien $A_1$ und $A_2$ bestimmt.

Wenn bei Anwendung der Volumen-Methode die Vorräte der Kategorie A erhalten wurden und der Wunsch besteht, die Vorräte der alten Kategorien $A_1$ und $A_2$ zu bestimmen, können diese Vorräte auf einem Umweg erhalten werden. Dazu wird der berechnete ursprüngliche industrielle Vorrat ($Q_i$) in Tonnen durch die Größe der produktiven Fläche nach dem ursprünglichen Umriß der Erdölführung, in ha ($F$), geteilt. Wir erhalten den durchschnittlichen Vorrat für 1 ha Fläche: ($Q_s$), d.h.,

$$Q_s = \frac{Q_i}{F}.$$

Nach dem vorgesehenen Generalschema des Abbaus werden die vorgesehenen Exploitationsbohrungen ($N$) zusammengezählt und dann die mittlere angenommene Einzugsfläche für ein Bohrloch ($f$) ermittelt, indem man $F$ durch $N$ teilt: $F/N = f$ (in ha). Die Anzahl der am Berechnungstage exploitierten Bohrungen ($n$) ist bekannt. Dann ist der ursprüngliche Vorrat der Kategorie $A_1$ ($Q_{A_1}$) für diese Bohrungen:

$$Q_s f n = Q_{A_1} . \tag{50}$$

Zieht man hiervon die aus den Exploitationsbohrungen schon geförderte Erdölmenge ab, erhalten wir die berechnete Größe des Restvorrats (Kategorie $A_1$).

Bei Wasserdruckregime ist eine solche Berechnung nur angenähert richtig, da der Gesamtvorrat der einzelnen Exploitationsbohrungen vor allem von ihrem Abstand vom Umriß der Erdölführung abhängt; dadurch werden jedoch die allgemeinen Vorratsziffern nicht entstellt, da die verbliebenen Vorräte der Kategorie $A_2$ gleich der Differenz aus dem allgemeinen Vorrat und dem für Kategorie $A_1$ berechneten sind.

Wenn die Bohrungen in einem gleichmäßigen Dreiecksnetz angeordnet sind (üblich bei einem Regime des gelösten Gases) und der Abstand der Bohrung gleich $L$ ist, kann der $A_1$-Vorrat[1]) erhalten werden aus:

$$Q_{A_1} = \frac{Q\,L^2\,n}{11500\,F} . \tag{51}$$

Da bei einem Dreiecksnetz $L = 1{,}07\,\sqrt{f'}\,10^4$ und $f' = \frac{L^2}{11\,500}$ ist, erhalten wir den Vorrat der Kategorie $A_2$ aus der Differenz:

$$Q_{A_2} = Q_i - Q_{A_1} .$$

2. Kategorie B. Sie kann mit Hilfe der Volumen-Methode sowie auf Grund von Analogieschlüssen nach der statistischen Methode berechnet werden. Die Analogie besteht darin, daß für die betreffende Schicht Kurven benutzt werden, die für eine andere abgebohrte Schicht mit analoger geologisch-betriebstechnischer Charakteristik konstruiert worden sind.

In einzelnen Fällen, wenn die erforderlichen Ausgangsdaten vorliegen oder wenn die produktive Fläche nicht groß ist und die Exploitation der ersten Sonden die Umverteilung der Schichtdrücke innerhalb des ganzen Lagers beeinflußt, kann auch die Methode der Materialbilanz Anwendung finden.

3. Kategorie $C_1$. Vorräte in dieser Kategorie werden gewöhnlich nach der Volumen-Methode oder der Hektar-Variante dieser Methode berechnet (pro Hektar-Meter oder Hektar, in Abhängigkeit von den vorliegenden Unterlagen).

[1]) Zur Berechnung des Restvorrats muß wie vorher noch die bereits geförderte Erdölmenge abgezogen werden. (D. R.)

4. Kategorie $C_2$. Die Berechnung erfolgt gewöhnlich nach der Hektar-Variante (für 1 ha Fläche in Analogie zu abgebohrten Lagerstätten).

Die Erfahrung lehrt, daß die größten Differenzen bei den Ergebnissen von Vorratsberechnungen daraus entstehen, daß keine einheitliche Methode zur Bestimmung der Ausmaße möglicher produktiver Flächen existiert. Deshalb wird bei Anwendung der Analogie-Methode folgendes Verfahren zur Größenbestimmung der wahrscheinlichen produktiven Fläche angewendet. Bei bereits bekannten exploitierten Horizonten der betreffenden Lagerstätte werden auf der Strukturkarte ausgemessen:

1. die mittlere Fläche der Erdölführung ($F$) (als Mittelwert einer Reihe von Horizonten) und
2. die Fläche der Struktur ($F_1$) nach einer Isohypse, die mit irgendeinem stratigraphischen Horizont der geologischen Karte zusammenfällt.

Gesucht wird das Verhältnis (in %):

$$k = \frac{F}{F_1} \cdot 100 . \qquad (52)$$

Die Werte für $k$, die nach den Exploitationsschichten einer Reihe von Lagerstätten des betreffenden Bezirkes festgestellt wurden, werden zur Bestimmung der Flächenausmaße einer möglichen Ölführung tieferer, noch nicht erkundeter Horizonte und neuer Strukturen verwendet.

Wenn die Fläche einer neuen Struktur $F_2$ (oder eines tiefer liegenden Horizontes) nach den Grenzen der gleichen stratigraphischen Horizonte bestimmt ist, erhalten wir die mögliche Fläche der Erdölführung $F_x$ aus:

$$F_x = \frac{F_2 k}{100} . \qquad (53)$$

Treten auf der neuen Fläche im Vergleich zur abgebohrten die einen oder anderen faziellen Veränderungen auf, erhält der Koeffizient $k$ auf Grund der geologischen Vermutungen einen Korrekturfaktor.

Die richtige Wahl der Berechnungsmethode sichert eine große Genauigkeit der erhaltenen Ziffern für die Erdölvorräte. Zur exakteren Beurteilung der berechneten Erdölvorräte werden die Berechnungen für die betreffende Schicht wiederholt. Solche wiederholten Berechnungen sollten regelmäßig per 1. Januar eines jeden Kalenderjahres durchgeführt werden oder im äußersten Falle nach dem Anfall neuer Daten über die Schicht.

Es ist sehr wichtig, daß die Erdölvorräte einer Schicht nicht nur nach irgendeiner Methode, sondern nach mehreren Methoden berechnet werden. Die komplexe Berechnung der Erdölvorräte, d. h. nach mehreren Methoden (deren Anwendung möglich ist), liefert wichtige Kriterien für die Wahl der endgültigen Durchschnittsziffern, die eindeutig die Erdölressourcen der untersuchten Schicht angeben.

Es ist zu beachten, daß, gemäß der Instruktion zur Berechnung der Erdölvorräte, eine eingehende Begründung der angewandten Berechnungsmethode der der Berechnung zugrunde liegenden Parameter und Koeffizienten gegeben werden muß. Ebenso müssen die umgrenzten Flächen, mittleren Mächtigkeiten, Vorratsgrenzen und -kategorien sowie die Einstufung der Vorräte in die Kategorien begründet werden.

Die Vorräte müssen für jeden produktiven Horizont gesondert berechnet werden. Treten geologisch isolierte Abschnitte und Blöcke auf, werden die Vorräte für sie ebenfalls gesondert berechnet.

Die erhaltenen Ziffern der Bilanz- und Außerbilanz- sowie gewinnbaren Vorräte aller Horizonte der Lagerstätte müssen in Sammeltabellen zusammengefaßt werden. Wenn sie nicht erstmalig bestätigt werden, sind sie in diesen Tabellen mit den bereits früher durch die Vorratskommission bestätigten zu vergleichen, wobei die Exploitationsergebnisse zu berücksichtigen sind. Bei der Berechnung von Vorräten niedriger Kategorien mit Hilfe der Analogie-Methode müssen Angaben über die Lagerstätte oder die Schichten mitgeteilt werden, auf die sich die Analogie bezieht. Zugleich ist die angewandte Analogie zu begründen.

# 4 Vorratsberechnungsmethoden für Erdgas

Natürliche brennbare Gase werden in der Erdrinde entweder als selbständige Lager angetroffen und bilden dann reine Gaslagerstätten oder in Verbindung mit Erdöllagern, als dessen ständige Begleiter sie auftreten. Solche Gase werden als Begleitgase bezeichnet, weil sie zusammen mit dem Erdöl gewonnen werden.

Das Erdölgas ist ein Gemisch von Grenzkohlenwasserstoffen der Zusammensetzung $C_nH_{2n+2}$, das gewöhnlich Methan, Äthan, Propan und Butan enthält. Methan dominiert meist, sein Gehalt erreicht 98%. Manchmal sind im Gas auch Dämpfe schwererer Kohlenwasserstoffe enthalten: Pentan, Hexan und Heptan. Nicht selten werden Kohlendioxyd ($CO_2$), Stickstoff ($N_2$) mit geringfügigen Mengen seltener Gase: Helium, Argon, Neon, sowie Schwefelwasserstoff ($H_2S$) usw. angetroffen.

In Tabelle 23 sind die physikalischen Eigenschaften der verschiedenen Gase zusammengestellt.

Bei der Berechnung von Vorräten an freiem Gas werden gewöhnlich die Volumen-Methode und die Methode des Druckabfalles angewendet.

## 4.1 Die Volumen-Methode

Der ursprüngliche Gasinhalt des Speichers kann bei der Berechnung der Vorräte nach der Volumen-Methode auf Grund des Studiums der die Gaslagerstätte charakterisierenden geologischen, physikalischen und chemischen Besonderheiten bestimmt werden.

Die Kenntnis der Strukturformen und der Besonderheiten des geologischen Baus der Lagerstätte erleichtert die Berechnung der Lagerstättengasvorräte. Die wichtigste Aufgabe ist die Bestimmung der Ausmaße des Porenraumes des Speichers, der das Gas beherbergt.

Neben den Speichereigenschaften der Schicht, den Bedingungen für die Gasverteilung in ihr und den Grenzen des Lagers müssen zur Berechnung der Gasvorräte die physikalischen Besonderheiten des Gases,

Tabelle 23

| Qualitative Charakteristik | Bezeichnung | Methan $CH_4$ | Äthan $C_2H_6$ | Propan $C_3H_8$ | Isobutan $C_4H_{10}$ | norm. Butan $C_4H_{10}$ |
|---|---|---|---|---|---|---|
| Molekulargewicht | $M$ | 16,04 | 30,07 | 44,10 | 58,12 | 58,12 |
| reziproker Wert | $\frac{1}{M}$ | 0,0623 | 0,0333 | 0,0227 | 0,0172 | 0,0172 |
| spezifisches Gewicht nach Wasser (Gewicht 1 Lit. der flüssigen Phase in kg) | $\gamma$ | 0,3 | 0,378 | 0,509 | 0,564 | 0,584 |
| Verhältnis des Molekulargewichts zum spezifischen Gewicht | $\frac{M}{\gamma}$ | 53,46 | 79,54 | 86,67 | 103,0 | 99,5 |
| Verhältnis des spezifischen Gewichtes zum Molekulargewicht | $\frac{\gamma}{M}$ | 0,0187 | 0,0126 | 0,0116 | 0,0097 | 0,01 |
| Volumen 1 kg Gases in m³ | $\frac{22,4}{M}$ | 1,40 | 0,74 | 0,508 | 0,385 | 0,385 |
| spezifisches Gewicht, bezogen auf Luft | $\frac{M}{28,97}$ | 0,554 | 1,038 | 1,522 | 2,006 | 2,006 |
| Gewicht 1 m³ Gases in kg | $\frac{M}{22,4}$ | 0,714 | 1,35 | 1,97 | 2,85 | 2,85 |
| Volumen 1 m³ Gases in flüssiger Phase in Liter | $\frac{0,0422\ M}{\gamma}$ | 2,26 | 3,36 | 3,66 | 4,36 | 4,2 |
| Volumen 1 Liters flüssigen Gases in Gasphase in m³ | $\frac{23,65\ \gamma}{M}$ | 0,442 | 0,29 | 0,272 | 0,23 | 0,236 |
| kritische Temperatur | t °C | − 82,5 | + 32,28 | + 96,78 | + 134 | + 152 |
| kritischer Druck | ata | 45,8 | 48,2 | 42,0 | 36,4 | 37,47 |
| Gaskonstante | $R = \frac{848}{M}$ | 52,95 | 28,19 | 19,23 | 14,59 | 14,59 |

Anmerkung: Die physikalischen Eigenschaften der Kohlenwasserstoffgase sind für 760 mm Quecksilbersäule und 15,5

| Isopentan $C_5H_{12}$ | norm. Pentan $C_5H_{12}$ | Hexan $C_6H_{14}$ | Heptan $C_7H_{16}$ | Stickstoff $N_2$ | Kohlen-dioxyd $CO_2$ |
|---|---|---|---|---|---|
| 72,15 | 72,15 | 86,17 | 100,2 | 28,02 | 44,01 |
| 0,0139 | 0,0139 | 0,0116 | 0,00998 | — | — |
| 0,624 | 0,631 | 0,664 | 0,688 | 0,808 | 1,56 |
| 115,7 | 114,4 | 129,8 | 145,6 | — | — |
| 0,00867 | 0,00877 | 0,0077 | 0,00686 | — | — |
| 0,310 | 0,310 | 0,262 | 0,223 | 0,799 | 0,509 |
| 2,49 | 2,49 | 2,974 | 3,459 | 0,967 | 1,514 |
| 3,22 | 3,22 | 3,81 | 4,48 | 1,25 | 1,964 |
| 4,9 | 4,85 | 5,49 | 6,15 | — | 1,19 |
| 0,205 | 0,207 | 0,182 | 0,1625 | — | — |
| + 187,78 | + 197,2 | + 234,78 | + 267 | — | — 31,1 |
| 32,9 | 33,0 | 29,94 | 27,0 | 33,49 | 72,9 |
| 11,75 | 11,75 | 9,84 | 8,43 | 30,33 | 19,24 |

°C angegeben.

sein Verhalten bei Veränderung von Druck und Temperatur sowie der Schichtdruck, unter dem es sich befindet, und die Schichttemperatur bestimmt werden. Es müssen die chemische Zusammensetzung des Gases und die prozentualen Anteile der einzelnen Komponenten bekannt sein, aus denen es besteht.

Für reine Gaslagerstätten sind diese Angaben nicht schwer zu ermitteln, da die Gaszusammensetzung gewöhnlich gleichartig und konstant ist. Die Untersuchung der chemischen Zusammensetzung des Gases und des prozentualen Gehalts seiner Komponenten bei irgendwelchen Veränderungen ist jedoch dadurch erschwert, daß diese Veränderungen langsam und allmählich ablaufen. Solche Veränderungen vollziehen sich in Gaslagern mit Sohlenwasser, das $CO_2$ und $H_2S$ enthält. In diesem Falle scheiden sich mit dem Druckabfall die in Wasser leicht löslichen $CO_2$ und $H_2S$ aus der Lösung aus, und das Gas reichert sich mit diesen Komponenten an. Eine Veränderung der chemischen Zusammensetzung des Gases vollzieht sich ebenfalls häufig in der Gaskappe von Gas-Öl-Lagerstätten. Im Verlaufe der Exploitation solcher Lager und der damit verbundenen Abnahme des Schichtdruckes kann sich das Gas der Gaskappe mit schwereren Kohlenwasserstoffen anreichern, die bei einer Drucksenkung aus dem Erdöl entweichen.

Zur Berechnung von Gasvorräten wird oft die Volumen-Methode wegen ihrer Einfachheit angewendet, außerdem auch deshalb, weil die erforderlichen Parameter schon während der Erkundung durch Probeförderung aus dem Gaslager erhalten werden können.

Die Volumen-Methode stützt sich auf die Angaben über die geologischen Verbreitungsgrenzen des Lagers, den Charakter des Porenraumes und den entsprechenden Schichtdruck.

Die Volumenformel für die Berechnung von Gasvorräten lautet:

$$Q_i = F\, m\varphi\, k_t\,(P\alpha - P_r'\,\alpha_r)\,\beta_g\,\eta_g\,, \tag{54}$$

wo $Q_i$ – der gewinnbare (industrielle) Gasvorrat am Berechnungstag [m³];

$F$ – Fläche innerhalb des Umrisses der produktiven Gasführung [m²];

$m$ – Mächtigkeit des porösen Teiles der gasführenden Schicht [m];

$\varphi$ – Porositätskoeffizient;

$P$ – der mittlere Schichtdruck im Gaslager am Berechnungstag [ata];

$P_r$ – der sich im Lager am Ende einstellende mittlere Restdruck (in ata) nach Entnahme des industriellen Gasvorrates und Erreichung eines Druckes von 1 ata an der Bohrlochmündung sind;

$$P_r = e\,1293 \cdot 10^{-9}\,H\gamma\,, \tag{55}$$

wo $e$ – die Basis der natürlichen Logarithmen;
$H$ – Bohrlochtiefe bzw. Teufe des Daches der betr. Schicht in cm;
$\gamma$ – das spezifische Gewicht des Gases, bezogen auf Luft;

$\alpha, \alpha_r$ – Korrekturen für die Abweichung der Kohlenwasserstoffgase vom BOYLE-MARIOTTEschen Gesetz jeweils für die Drücke $P$ und $P_r$ sind. Sie sind gleich

$$1/\left[\frac{PV}{RT}\right];$$

$k_t$ – Korrektur für Temperatur, um das Gasvolumen auf Standardtemperatur zu beziehen;

$$k_t = \frac{T + t_{st}}{T + t_{sch}}\,, \tag{56}$$

wo $t_{st}$ – 20 °C;
$t_{sch}$ – die Schichttemperatur;
$T$ – die absolute Temperatur, 273 °C;

$\beta_g$ – der Gassättigungskoeffizient unter Berücksichtigung des gebundenen Wassergehaltes;

$\eta_g$ – der Abgabekoeffizient sind.

Nach einem von der Staatlichen Vorratskommission der UdSSR bestätigten Beschluß des technischen Expertenrates wird bei der Bestätigung von Gasvorräten in Gaslagerstätten ein Abgabekoeffizient gleich $\eta_g = 1$ angenommen.

Damit gehören, unabhängig vom Schichtregime, die Gasvorräte der Gaslager und der Gaskappen von Öllagern, mit Ausnahme des bei Restdruck in der Schicht verbliebenen Teils[1]), vollständig zu den Bilanzvorräten. Im Laboratorium ausgeführte Untersuchungen der Verdrängung von Gas aus Speichern unterschiedlichen Typs durch Wasser haben jedoch ebenso wie betriebliche Untersuchungen einer Reihe von Gaslagerstätten in den USA gezeigt, daß:

1. Bei Lagerstätten mit Gasvorräten über 1,5–2 Mrd. m³ die Gasabgabe zwischen 0,9 und 0,99 schwankt (vom ursprünglichen Vorrat, der für einen Restdruck von 1 at berechnet worden ist);

[1]) Nach der DDR-Klassifikation gehören diese Vorratsteile auch zu den Bilanzvorräten. Sie werden am Schluß der Förderung als Verluste geführt und aus der Bilanz entfernt. (D. R.)

2. der Koeffizient der Gasabgabe bei Lagerstätten mit geringeren Vorräten zwischen 0,66 und 0,8 schwankt (in diesem Falle sind die angenommenen Restdrücke, mit denen der Vorrat berechnet worden ist, höher als in Lagern mit größeren Vorratsziffern);
3. bei der Verdrängung des Gases durch Wasser (T. GEFFEN, D. PARRISH u. a.) aus lockeren Sanden betrug die Restgassättigung etwa 16%; bei festen Sandsteinen schwankte die Restgassättigung zwischen 25 und 50%;
4. betriebliche Untersuchungen von Kernen, die aus dem verwässerten Teil der gasführenden Fläche entnommen worden waren (West-Beaumont in Texas u. a.), ergaben eine Gasrestsättigung von 16,7–21,8%.

Diese Angaben zeigen, daß die Berücksichtigung des Koeffizienten der Gasabgabe bei der Berechnung von industriellen Gasvorräten in Gaslagerstätten (Lagern) notwendig ist.

Der mittlere statische Schichtdruck im Gaslager wird nach den Druckangaben am Bohrlochkopf (bei zeitweiliger Schließung) und unter Berücksichtigung des Gewichtes der Gassäule in der Sonde bestimmt. Dabei wird das Bohrloch für kurze Zeit geschlossen (es werden sogenannte Minutenmessungen am Kopf der geschlossenen Sonde durchgeführt und für die Bohrlochsohle umgerechnet). In Verbindung mit der Veränderlichkeit der Durchlässigkeit erdölführender Schichten und Unterschieden des Förderregimes ist die Druckdepression bei den einzelnen Sonden unterschiedlich, was wiederum dazu führt, daß der Druckausgleich asynchron ist. Zur Bestimmung der Sohlendrücke der Sonden sollte daher nach ihrer Schließung ein Diagramm des Druckanstieges konstruiert werden, wobei für die Berechnungen der Druck eingesetzt wird, der dem Abschnitt der ausgeglichenen Kurven entspricht, wo sie sich also einer horizontalen Linie annähert.

Nach den einzelnen Messungen der Sondendrücke wird eine Isobarenkarte gezeichnet und nach ihr der durchschnittliche Schichtdruck mittels Wägung mit Fläche und Mächtigkeit (d. h. dem Schichtvolumen) des Gaslagers bestimmt.

Für eine neu entdeckte und noch nicht exploitierte Lagerstätte wird als ursprünglicher mittlerer Schichtdruck der maximale Druck genommen, der in einer der ersten, zeitweilig geschlossenen Sonden gemessen wurde.

Nicht selten werden während der Exploitation jedoch keine Isobarenkarten gezeichnet und nach diesen der mittlere Schichtdruck berechnet, sondern als mittlerer Schichtdruck der aus Messungen in einzelnen Bohrungen errechnete mittlere Druck eingesetzt. Die Genauigkeit der so ermittelten durchschnittlichen Schichtdrücke ist weniger zuverlässig als der nach der Isobarenkarte bestimmte.

Es ist völlig klar, daß der Bohrlochkopf bei Druckmessungen entsprechend abgedichtet sein muß, um Gasentweichungen und damit falsche Angaben über den Druck zu vermeiden.

Besteht die gasführende Schicht aus einzelnen voneinander isolierten Linsen, muß die Berechnung der Drücke (ebenso wie der Gasvorräte) für jede Linse gesondert erfolgen.

Der Restdruck im Lager ($P_r$) wird bei einem Druck von $P = 1$ at am Kopf des Bohrloches (nach Entnahme des industriellen Gasvorrates) nach der Formel (55) bestimmt.

$P_r$ schwankt gewöhnlich in Abhängigkeit von der Lagerungstiefe

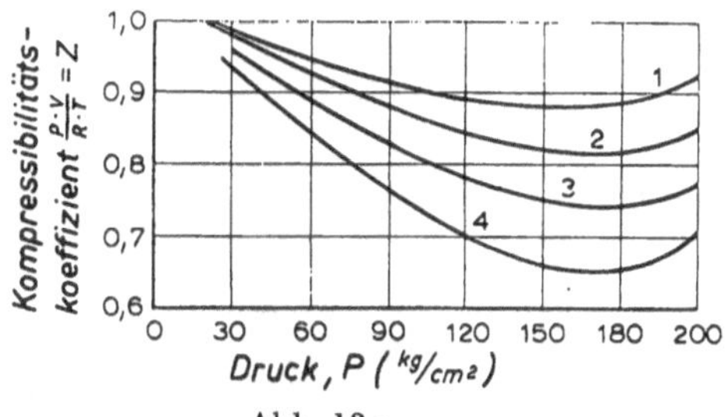


Abb. 13a

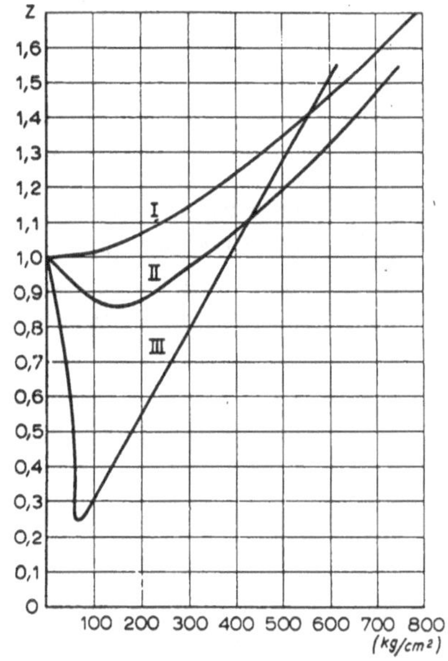


Abb. 13b

Abb. 13. Kurven der Abweichungen der Erdölgase (und Stickstoff) von den Gesetzen idealer Gase

a) bei $t = 54$ °C: *1* – Methan; *2* – 90% Methan + 10% Propan; *3* – 80% Methan + 20% Propan; *4* – 70% Methan + 30% Propan; b) bei $t = 37{,}8$ °C für Stickstoff (*I*), Methan (*II*), Äthan (*III*)

und der Zusammensetzung des Gases zwischen 1,1 und 3 at und etwas darüber.

Es ist ganz offensichtlich, daß bei Wasserdruckregime die Berücksichtigung des Restdruckes $P_r$ unzweckmäßig ist. In diesem Fall ist er gleich Null anzusetzen ($P_r = 0$).

Die Bestimmung der Fläche der Gasführung, der mittleren Mächtigkeit des porösen Schichtteiles und der mittleren Porositätskoeffizienten erfolgt wie bei der Berechnung der Erdölvorräte nach der Volumen-Methode.

Es ist nur zu beachten, daß der Gas-Wasser-Kontakt gewöhnlich eine horizontale Fläche bildet; die Grenzen dieser Kontaktfläche in Dach und Sohle folgen in der Regel den Isohypsen des unterirdischen Reliefs der gasführenden Schicht. Die Kohlenwasserstoff(Erdöl-)gase folgen nicht genau der Gleichung von CLAPEYRON (Abb. 13). Bei der Vorratsberechnung muß daher eine Korrektur für die Kompressibilität vorgenommen werden. Kompressibilitätskoeffizient heißt das Verhältnis der realen und der idealen Gase bei gleichen Bedingungen, d. h. gleichen Drücken und gleicher Temperatur. Durch die Einführung dieses Koeffizienten nimmt die charakteristische Hauptzustandsgleichung der Gase (Gleichung von CLAPEYRON in der Mol-Form) folgende Form an:

$$PV = ZRNT, \qquad (57)$$

wo $P$ – der Druck in ata;
$V$ – das Gasvolumen;
$Z$ – der Kompressibilitätskoeffizient;
$N$ – die Zahl der Kilogramm-Mol Gas, die gleich

$$N = \frac{G}{M} \text{ sind,}$$

wo $G$ – das Gewicht des Gases in Kilogramm,
$M$ – das Molekulargewicht des Gases;

$R$ – die Gaskonstante eines Mol (für alle Gase gleich);
$T$ – die absolute Temperatur sind.

Wenn das Volumen des realen Gases (bei Standardbedingungen) mit $V_0$ bezeichnet wird, ist beim Druck $P$ und der Temperatur $t$ das Volumen dieses Gases $V_p$ und (nach der Formel 29) gleich:

$$V_p = V_0 \frac{1{,}033}{P} \cdot \frac{T + t_{sch}}{T + t_{st}} \cdot Z, \qquad (58)$$

wo $Z$ – der Kompressibilitätskoeffizient[1]) ist.

Der Zahlenwert des Kompressibilitätskoeffizienten wird für die verschiedenen Bedingungen im Laboratorium bestimmt. Ihre angenäherten Werte können graphisch aus empirischen Kurven (Abb. 14) gefunden werden. Nach diesen Kurven wird der Kompressibilitätskoeffizient $Z$ in Abhängigkeit von den pseudokritischen Drücken und Temperaturen bestimmt.

---

[1]) In Formel (58) kann statt 1,033 durchaus 1,0 eingesetzt werden, ebenso wie $T$ mit 273 und nicht 273,16 in die Formel eingeht. (D. R.)

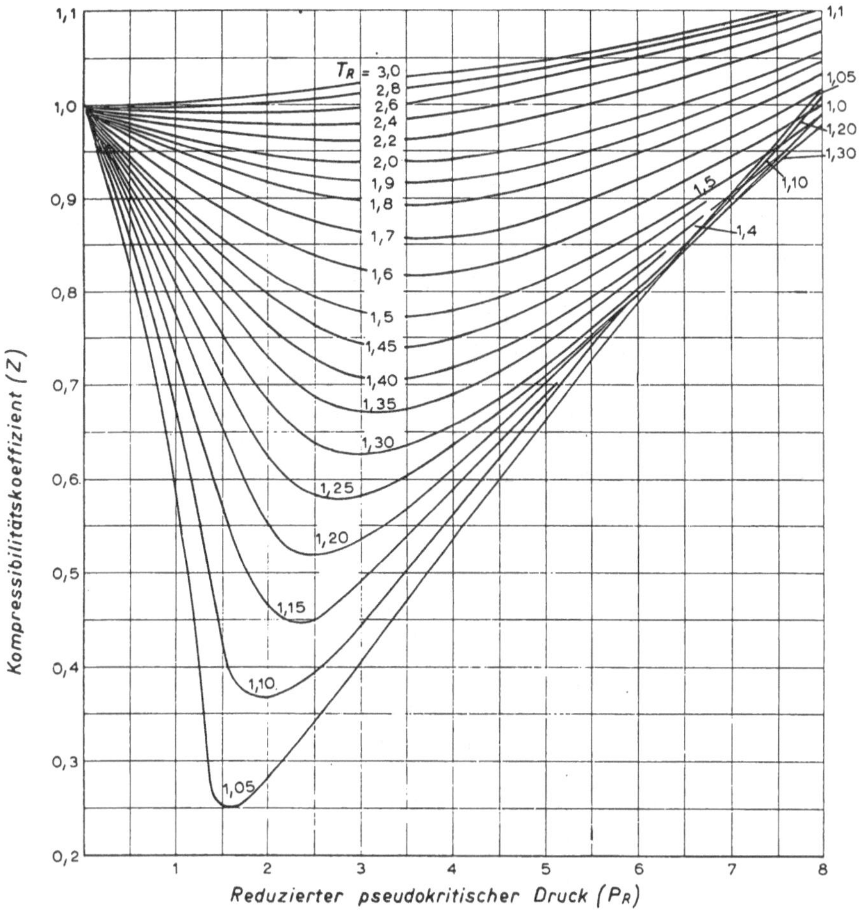


Abb. 14. Die Kompressibilitätskoeffizienten für Erdölgase (nach BROWN)

Kritisch heißt eine solche Temperatur, oberhalb der sich auch bei noch so hohem Druck das Gas nicht mehr verflüssigen läßt. Der Druck, der diesem kritischen Punkt entspricht, heißt kritischer Druck.

Bei Erdölgasen, die aus einem Gemisch von Kohlenwasserstoffen mit verschiedenen kritischen Drücken und Temperaturen bestehen, müssen zur Bestimmung des Kompressibilitätskoeffizienten zunächst die mittlere kritische (pseudokritische) Temperatur und der mittlere kritische pseudokritische) Druck für das betreffende Gemisch nach den Gleichungen bestimmt werden:

$$P_{ps} = \Sigma\,(y P_k) \tag{59}$$

$$T_{ps} = \Sigma\,(y T_k) \tag{60}$$

wo $P_{ps}$ und $T_{ps}$ – die Summen der gewogenen Mittel der kritischen Drücke und kritischen Temperaturen der einzelnen Kohlenwasserstoffe sind, die entsprechend pseudokritischer Druck und pseudokritische Temperatur heißen;

$y$ – der Komponentengehalt im Gemisch (Volumen- oder Mol-Gehalt); $P_k$ und $T_k$ – die kritischen Drücke und Temperaturen der einzelnen Gaskomponenten sind.

Das Verhältnis des Druckes, unter dem sich das Gasgemisch befindet, zum pseudokritischen Druck heißt reduzierter pseudokritischer Druck ($P_R$); das Verhältnis der Gemischtemperatur zur pseudokritischen Temperatur – reduzierte pseudokritische Temperatur ($T_R$).

$$P_R = \frac{P}{P_{ps}} \tag{61}$$

und

$$T_R = \frac{T + t_{sch}}{T_{ps}}. \tag{62}$$

Nach den berechneten pseudokritischen Drücken und Temperaturen[1]) wird aus Abb. 14 der Kompressibilitätskoeffizient ermittelt. Beispiel: zu bestimmen ist der Kompressibilitätskoeffizient $Z$ für das in Tabelle 24 angegebene Gemisch (in Volumen-%; in dieser Tabelle sind die Spalten $P_k$ und $T_k$ in Übereinstimmung mit Tabelle 23 ausgefüllt). Der Schichtdruck $P_{sch} = 112$ at, die Temperatur $t_{sch} = 50$ °C.

Die reduzierte pseudokritische Temperatur ist:

$$T_R = \frac{273 + 50}{207{,}15} \approx 1{,}56\,.$$

Der reduzierte pseudokritische Druck für $P_{sch} = 112$ at:

$$P_R = \frac{112 + 1}{45{,}22} \approx 2{,}5\,.$$

Aus Abb. 14 entnehmen wir nach den erhaltenen Werten $T_R$ und $P_R$ für den Kompressibilitätskoeffizienten $Z = 0{,}82$. Fehlen Angaben über die Fraktionszusammensetzung des Gases und liegt nur das spezifische Gewicht des Kohlenwasserstoffgases zur Luft vor, können pseudokritische

---

[1]) $T$ kann ohne schwerwiegende Folgen mit 273 in die Rechnung eingehen. (D. R.)

Tabelle 24

| Komponenten | Gehalt in Volumen-% $y$ | kritischer Druck $P_k$ | kritische Temperatur $T_k$ $T \pm t_{kr}$ | $\frac{y \cdot P_k}{100}$ | $\frac{y \cdot T_k}{100}$ | spezifisches Gewicht des Gasgemisches, bezogen auf Luft |
|---|---|---|---|---|---|---|
| Methan $CH_4$ | 92,6 | 45,8 | 190,5 | 42,4 | 176,40 | — |
| Äthan $C_2H_6$ | 1,6 | 48,2 | 305,28 | 0,77 | 4,88 | — |
| Propan $C_3H_8$ | 0,4 | 42,0 | 369,78 | 0,17 | 1,48 | — |
| normales Butan $C_4H_{10}$ | 2,2 | 37,47 | 425,0 | 0,82 | 9,35 | — |
| normales Pentan $C_5H_{12}$ | 3,2 | 33,0 | 470,2 | 1,06 | 15,04 | — |
| Summe: | 100,0 | — | — | 45,22 | 207,15 | 0,66 |

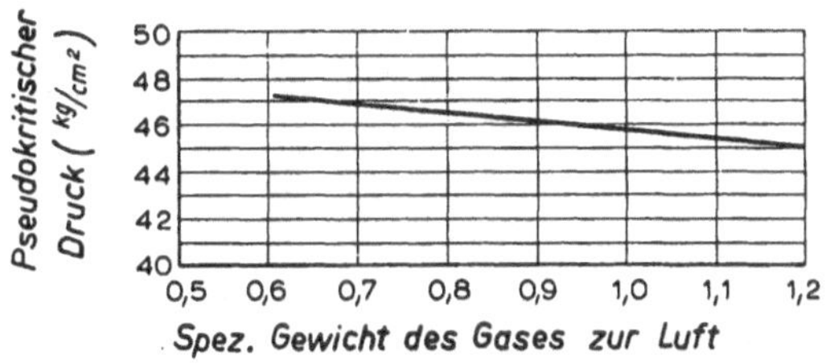


Abb. 15
Die Abhängigkeit des pseudokritischen Druckes vom spezifischen Gewicht der Kohlenwasserstoffgase

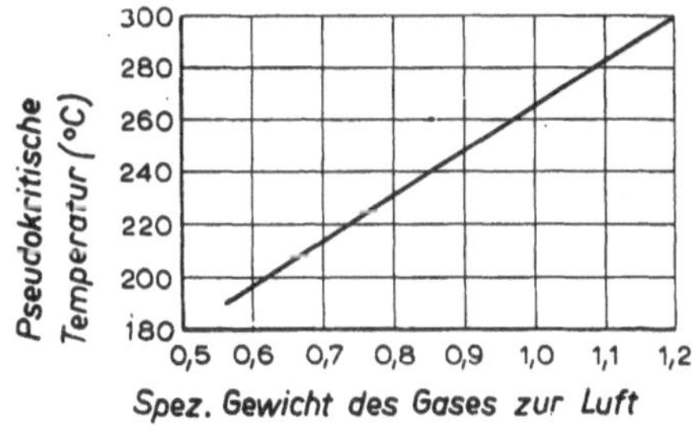


Abb. 16
Die Abhängigkeit der pseudokritischen Temperatur vom spezifischen Gewicht der Kohlenwasserstoffgase

Temperatur und pseudokritischer Druck angenähert aus Abb. 15 und 16 bestimmt werden. Nach den so erhaltenen Daten kann dann der Kompressibilitätskoeffizient des Gases ermittelt werden. Es muß bemerkt werden, daß die angenäherte empirische Beziehung, wie sie in Abb. 15 und 16 dargestellt ist, nur für Kohlenwasserstoffgase zutrifft, da mit der Erhöhung des Molekulargewichtes der Kohlenwasserstoffgase auch ihre kritischen Temperaturen steigen. Gehören neben Kohlenwasserstoffen noch andere Komponenten (Stickstoff, Kohlensäure usw.) zum Bestand des Gases, darf die angeführte empirische Abhängigkeit nicht angewandt werden.

Im obigen Beispiel (Tabelle 24) war das spezifische Gewicht des Gases 0,66; nach den Kurven der Abb. 15 und 16 ergibt sich:

$$P_{ps} = 46{,}8 \text{ und } T_{ps} = 210,$$

der reduzierte pseudokritische Druck und die reduzierte pseudokritische Temperatur sind dann:

$$P_R = \frac{P}{P_{ps}} = \frac{112+1}{46{,}8} = 2{,}41 \quad \text{und}$$

$$T_R = \frac{T + t_{sch}}{T_{ps}} = \frac{273+50}{210} = 1{,}54\,.$$

Nach diesen Daten wird aus Abb. 14 $Z = 0{,}818$ bestimmt, was gut mit der früher erhaltenen Ziffer $Z = 0{,}82$ übereinstimmt.

Zur Vermeidung von Fehlern ist die Ermittlung des Kompressibilitätskoeffizienten des Gases und die Berücksichtigung dieser Größe bei der Berechnung von Gasvorräten in Gaslagerstätten obligatorisch.

In einer ganzen Reihe von Fällen, auch bei der Berechnung von Gasvorräten mit Hilfe der Methode der Materialbilanz, muß neben dem Kompressibilitätskoeffizienten des Gases auch der Volumenkoeffizient des Schichtgases bekannt sein. Der Volumenkoeffizient des Schichtgases zeigt, wie sich das Volumen eines normalen Kubikmeters Gas (bei Standardbedingungen) unter Schichtverhältnissen verändert; er wird nach den Formeln (58) und (29) bestimmt.

Die Abweichung (in Prozenten) des natürlichen Gases vom Boyle-Mariotteschen Gesetz kann ebenfalls aus den Angaben über die Abweichungen der einzelnen Gaskomponenten des Gasgemisches abgeleitet werden. Das Gasgemisch wird hierzu einer Analyse unterzogen. Die Untersuchungen zeigen: je höher das Molekulargewicht des Gases, desto größer die Abweichungen; bei Temperaturerhöhung verringert sich die Abweichung.

In Tabelle 25 sind die Abweichungen für die Bestandteile eines natürlichen Gases für 1 ata des absoluten Druckes und einer Temperatur von 15 °C angegeben.

Nach diesen Daten kann die Abweichung des Gasgemisches für 1 ata Druck durch Multiplikation der Abweichungswerte einer jeden Komponente mit ihrem entsprechenden Gehalt im Gemisch und Addition dieser Produkte ermittelt werden. Man erhält somit die Abweichung des ganzen Gasgemisches für eine Atmosphäre Druck. Es ist zu beachten, daß bei Anwesenheit schwerer Kohlenwasserstoffe eine solche Berechnung in Abhängigkeit von dem einen oder anderen Druck äußerst unterschiedliche und nur sehr angenäherte Werte im Verhältnis zum tatsächlichen Abweichungswert des Gemisches liefert.

Tabelle 25

| Bezeichnung der Bestandteile | Abweichung für 1 ata u. 15 °C | Bezeichnung der Bestandteile | Abweichung für 1 ata u. 15 °C |
|---|---|---|---|
| Methan | 0,0022176 | $CO_2$ | 0,0065520 |
| Äthan | 0,0088128 | $N_2$ | 0,0001008 |
| Propan | 0,0186192 | Luft | 0,0004896 |

Die Abweichung des Stickstoffes vom BOYLE-MARIOTTEschen Gesetz ist so gering, daß sie gewöhnlich unberücksichtigt bleibt.

Der Volumenkoeffizient des Schichtgases ist stets bedeutend kleiner als eins und liegt zwischen 0,0075 und 0,01.

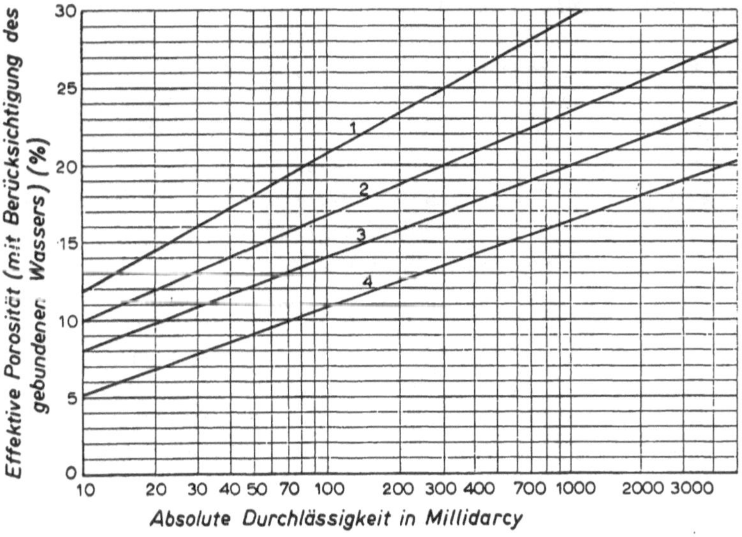


Abb. 17. Das Verhältnis der effektiven Porosität (bei Berücksichtigung des Restwassers) und der Permeabilität (nach A. A. ČHANIN)

*1* – Aleurolithe mit vorwiegend fein-aleurolithischer Fraktion; *2* – Aleurolithe mit vorwiegend grob-aleurolithischer Fraktion; *3* – feinkörnige Sandsteine; *4* – mittel- und grobkörnige Sandsteine

Der Gassättigungskoeffizient ($\beta_g$) wird wie der Ölsättigungskoeffizient nach dem gebundenen Wassergehalt in Kernen berechnet, die dafür speziell entnommen wurden. Der Gassättigungskoeffizient ($\beta_g$) kann auch aus dem Diagramm (Abb. 17) bestimmt werden, aus dem die effektive Porosität ermittelt wird, d. h. das Produkt $\varphi\,\beta_g$ (unter Berücksichtigung des Gehaltes an gebundenem Wasser). Dieses Diagramm kann zu überschlägigen Berechnungen herangezogen werden, wenn keine konkreten Laboruntersuchungen vorliegen.

## 4.2 Die Methode des Druckabfalles

Die Berechnung nach der Methode des Druckabfalles erfolgt bei Schichten, in denen das ursprünglich von Gas angefüllte Porenvolumen im Verlaufe der Exploitation sich in seiner Größe nicht ändert. Für ein Lager mit Wasserdruckregime ist diese Methode somit nicht geeignet, obgleich bei einem nichteffektiven Wasserdruckregime (wenn nur wenig Wasser in die Schicht eindringt) die Berechnung der Vorräte nach dieser Methode durchaus möglich ist.

Die Formel für die Berechnung der Vorräte nach der Methode des Druckabfalles beruht auf der Unterstellung, daß die Menge der entnommenen Gasvolumen für einen Druckabfall um 1 at für die gesamte Exploitationsdauer konstant ist.

Wenn also am ersten Stichtag seit Beginn der Exploitation aus dem Gaslager $Q_1$ Gasvolumen gefördert worden sind und der Gasdruck im Lager $P_1$ war, für den zweiten Stichtag (seit Exploitationsbeginn) jedoch insgesamt $Q_2$ Gasvolumen gefördert worden sind und der Druck im Lager $P_2$ war, beträgt die Gasförderung (in m³) vom ersten bis zum zweiten Stichtag der Exploitation pro Druckabfall um 1 at:

$$\frac{Q_2 - Q_1}{P_1 - P_2}.$$

Wenn angenommen wird, daß auch fernerhin bei einem Druckabfall bis zu einer gewissen Endgröße $P_0$ die gleiche Gasmenge (in m³) pro 1 at Druckrückgang gefördert wird, erhalten wir zur Berechnung der Gasvorräte nach der Methode des Druckabfalles folgende Formel:

$$Q_i = \frac{(Q_2 - Q_1)(P_2\,\alpha_2 - P_0\,\alpha_0)}{P_1\,\alpha_1 - P_2\,\alpha_2}, \qquad (63)$$

wo $Q_i$ – der industrielle Gasvorrat in m³; $\alpha_1$ und $\alpha_2$ – die jeweiligen Korrekturkoeffizienten für die Abweichungen vom BOYLE-MARIOTTEschen Gesetz bei den Drücken $P_1$ und $P_2$ sind.

Zur Berechnung der Vorräte nach der Methode des Druckabfalles braucht man die Flächengröße, Mächtigkeit und Porosität der erdöl- und erdgasführenden Schicht nicht zu kennen. Die Nichtberücksichtigung der Mächtigkeit und – allgemeiner gesagt – der Volumenparameter der Schicht (bei der Berechnung des mittleren gewogenen Schichtdrucks) kann jedoch zu erheblichen Fehlern führen, insbesondere, wenn der Druck in den einzelnen Bohrungen sehr unterschiedlich ist. Es ist völlig klar, daß diese Methode nur für ein einheitliches und nicht in selbständige Abschnitte zerstückeltes Lager anwendbar ist.

Um die Anwendungsmöglichkeit der Methode des Druckabfalles zu prüfen, wird die bei einem Druckabfall um 1 at geförderte Gasmenge (unter Berücksichtigung der Abweichung) für verschiedene Exploitationsperioden berechnet. Wenn die Ergebnisse dieser Berechnungen übereinstimmen, kann die Methode des Druckabfalles angewandt werden; ist dies nicht der Fall und nehmen die bei 1 at Druckabfall geförderten Gasmengen für die späteren Exploitationsperioden zu, so deutet dies auf einen Wasserdruck und damit darauf hin, daß ein Teil der Gasvolumen durch diesen Druck hinausgedrängt wurde. In diesem Falle ist in der Formel (63) eine Berichtigung für die Gasmenge vorzunehmen, die für das beobachtete Zeitintervall durch den Wasserdruck verdrängt wurde.

Im betrachteten Intervall des Druckabfalles von $P_1$ auf $P_2$ muß die durch den Druck des Wassers verdrängte Gasmenge ($Q'$) bestimmt werden. Dazu werden der Druck sorgfältig beobachtet und jene Zeiträume ermittelt, in deren Verlauf der Druck konstant blieb. Für diese Zeiträume muß nun die Gasmenge ($Q'$) bestimmt werden, die durch den Druck des Wassers verdrängt wurde.

Die Formel (63) nimmt in diesem Falle folgende Form an (für das Wasserdruckregime ist es nicht nötig, den Restdruck zu berücksichtigen):

$$Q_i = \frac{(Q_2 - Q_1 - Q') P_2 \alpha_2}{P_1 \alpha_1 - P_2 \alpha_2} . \tag{64}$$

Gelingt es nicht, die durch den Wasserdruck verdrängte Gasmenge zu bestimmen, muß die Volumen-Methode angewendet werden. Die Berechnung der Gasvorräte nach der Methode des Druckabfalles setzt das systematische Studium der Drücke an den Bohrlochköpfen (bei ihrer Schließung wenigstens für kurze Zeit) und Laboruntersuchungen voraus, die das Ziel haben, die Abweichungen des Kohlenwasserstoffgases vom Boyle-Mariotteschen Gesetz zu ermitteln.

Die Berechnung von Gasvorräten nach der Methode des Druckabfalles ist bei Lagern zulässig, in denen die Abwesenheit industrieller

Erdölvorräte nachgewiesen wurde oder wenn die gleichzeitige Förderung von Gas und Erdöl vorgesehen ist; ferner bei Schichten (Horizonten), in denen ein ausgeprägter aktiver Druck der Randwässer fehlt.

Wenn für die Berechnung der Gasvorräte nach der Methode des Druckabfalles Probeförderungen aus den Sonden durchgeführt werden, muß das Verhalten des Arbeits- und statischen Gasdruckes in den in Betrieb befindlichen Sonden, des statischen Druckes in den Beobachtungssonden und der statischen Wasserspiegel in den piezometrischen Bohrungen besonders sorgfältig beobachtet werden. Der Gasdruck muß mit hochempfindlichen Kontroll- oder Gewichts-Manometern gemessen werden, nach denen ein Druckabfall von 2–3 Atmosphären mit Sicherheit festgestellt und folglich in einer Reihe von Fällen mit ausreichender Zuverlässigkeit die Gasvorräte kleiner[1]) oder mittlerer Lagerstätten (Lager) bestimmt werden können. Treten in Gasbohrungen Flüssigkeiten auf, müssen die Sohlendrücke mit Hilfe von Tiefenmanometern gemessen sowie die Wasser- und Gesteinsmengen bestimmt werden, die das Gas bei unterschiedlichen Arbeitsregimen auswirft. Die Dauer der Probeförderung wird für jeden konkreten Fall festgesetzt. Sie hängt davon ab, ob in der vorgesehenen Zeit die Möglichkeit besteht, zuverlässige Ausgangsdaten zu erhalten, die als Grundlagen der Vorratsberechnung nach der Methode des Druckabfalles dienen können.

Bei der Berechnung von Gasvorräten in Gaslagerstätten nach der Methode des Druckabfalles müssen vorgelegt werden:

1. exakte Angaben über die in bestimmten Zeitabständen geförderten Gasmengen;
2. alle Unterlagen über die Ergebnisse der Schichtdruckmessungen mit geeichten Manometern in den einzelnen Sonden (für die gleichen Zeitabschnitte);
3. die Begründung des eingesetzten Wertes für den mittleren Schichtdruck am Berechnungstage;
4. Angaben über das Arbeitsregime des Horizontes und die Dynamik der Bewegung der Randwasserlinie.

## 4.3 Die Berechnung der im Erdöl gelösten Gasvorräte

Nach dem Gesetz von Henry ist die Menge der in einer Flüssigkeit gelösten Gase bei konstanter Temperatur proportional dem Druck.

[1]) Dieses Adjektiv bezieht sich auf die Größe der Vorräte. (D. R.)

Die realen Gase, darunter auch die Erdölgase, weichen jedoch sehr beträchtlich von diesem Gesetz ab, um so mehr, je leichter sich die Gase in der Flüssigkeit lösen. Nasse Gase[1]) lösen sich leichter im Erdöl und weichen daher vom Gesetz HENRY mehr ab als trockene Erdölgase. Für trockene Erdölgase drückt sich die Abhängigkeit zwischen Druck und Menge des gelösten Gases (in den Grenzen der in der Praxis anzutreffenden Drücke) durch eine Gerade aus; der Löslichkeitskoeffizient ist also in diesen Grenzen konstant. Bei nassen Gasen dagegen drückt sich diese Abhängigkeit durch eine Kurve aus, und der Löslichkeitskoeffizient verändert sich in Abhängigkeit vom Druck. In leichteren Erdölen lösen sich die Kohlenwasserstoffgase leichter als in schweren. Der Löslichkeitskoeffizient des Gases im Erdöl schwankt zwischen 0,25 und 2,0. Er ändert sich in Abhängigkeit von der Zusammensetzung des Gases und des Erdöls sowie der Temperatur.

Mit der Erhöhung der Temperatur nimmt die Fähigkeit der Gase, sich in einer Flüssigkeit zu lösen, entsprechend der zunehmenden Dampfspannung ab. Die Menge des sich in einer Flüssigkeit lösenden Gases hängt auch von der Kontaktfläche Gas – Erdöl ab. Ist die Kontaktfläche Gas–Flüssigkeit klein und sind Flüssigkeit und Gas in einem ruhigen Zustand, wird eine große Zeitspanne dafür benötigt, daß sich das Gas in der Flüssigkeit auflöst.

Kohlensäure besitzt die größte Löslichkeit. Sie übertrifft bei weitem die der Erdölgase. Die geringste Löslichkeit besitzen Wassertoff und Luft – sie ist viermal geringer als die der Erdölgase.

Die Gase scheiden sich in umgekehrter Reihenfolge aus der Lösung im Erdöl aus, d. h. bei Verringerung des Druckes zuerst die trockenen, schwer löslichen Gase und dann die schweren, leicht löslichen.

Die Löslichkeitskurven des Kohlenwasserstoffgases in Erdöl sind in Abhängigkeit vom Druck für Öle verschiedener spezifischer Gewichte in Abb. 18 dargestellt.

Die Berechnung der im Öl gelösten Gasvorräte erfolgt nach der Sättigung des Erdöls mit Gas am Berechnungstag. Stehen keine Angaben über die Gassättigung des Erdöls zur Verfügung, wird die im Öl am Berechnungstag gelöste Gasmenge bei den entsprechenden Schichtdrücken nach den Löslichkeitskurven des Gases im Erdöl bestimmt. In diesem Falle werden folgende Angaben benötigt:

---

[1]) In der Sowjetunion werden sie als „fette" Gase bezeichnet. (D. R.)

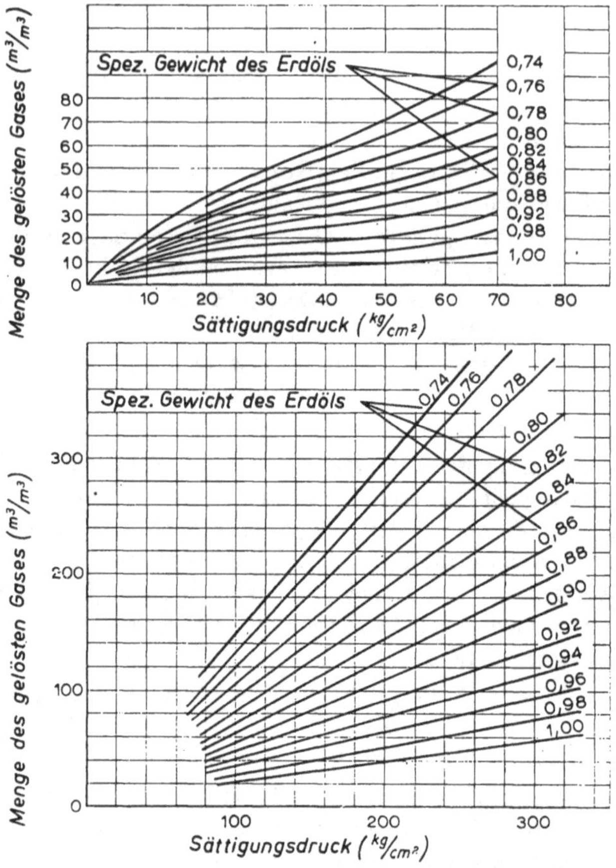


Abb. 18. Löslichkeitskurven für Gas in Erdöl bei verschiedenen Drücken

$P$ – der mittlere Schichtdruck im Öllager, berechnet nach der Isobarenkarte für den Berechnungstag [at];

$Q_i$ – der gewinnbare (industrielle) Restvorrat an Erdöl am Berechnungstage [t];

$r_m$ – das mittlere Gas-Öl-Verhältnis für den Berechnungstag [m³/t];

$r$ – die nach dem Kurvenbild für den Berechnungstag und einen Druck $P$ ermittelte Gaslöslichkeit im Erdöl [m³/t]:

1. wenn $r_m > r$

$$Q_g = Q_i\, r\ ; \tag{65}$$

2. wenn $r_m < r$, d. h. das Erdöl bei entsprechendem Druck nicht mit Gas gesättigt ist,

$$Q_g = Q_i\, r_m\,. \tag{66}$$

Selbstverständlich ist es am besten, die Gassättigung des Erdöls für den Berechnungstag durch Analyse von Tiefenproben des Erdöls zu bestimmen. Der hierbei ermittelte Wert für die Löslichkeit des Gases im Erdöl ist dann die Grundlage zur Bestimmung der im Erdöl gelösten Gasvorräte.

Da das nichtgewonnene Restöl bei Druckabnahme ebenfalls Gas abgeben wird, werden bei einem Regime des gelösten Gases und einem Gaskappenregime auch die Gasmengen berücksichtigt, die zusätzlich aus dem in der Erde verbliebenen Erdöl gewonnen werden können.

In diesem Falle lautet die Berechnungsformel für die im Erdöl gelösten Gasvorräte, die gewonnen werden können:

$$Q_{gi} = Q_b\, r_0 - Q_i\, u_0\, P_e\, \alpha_e\, k_t - Q_n\,(u_0 - u_e)\, P_e\, \alpha_e\, k_t - Q_n\, r_e, \tag{67}$$

wo $Q_{gi}$ – die gewinnbaren Vorräte an im Erdöl gelösten Gas in $m^3$ bei Standardbedingungen;

$Q_b$ – die Bilanzvorräte an Erdöl in $m^3$ bei Standardbedingungen;

$Q_i$ – die gewinnbaren Erdölvorräte in $m^3$ bei Standardbedingungen;

$Q_n$ – die nichtgewinnbaren Erdölvorräte in $m^3$ bei Standardbedingungen;

$u_0$ – der Volumenkoeffizient des Schichtöls bei Beginn der Förderung und einem Druck $P_0$;

$u_e$ – der Volumenkoeffizient des Schichtöls am Ende der Exploitation bei einem Restdruck von $P_e$;

$r_0$ – das gewogene Mittel des ursprünglichen Gas-Öl-Verhältnisses in $m^3/m^3$, gemessen am Gasabscheider bei einem Druck von 1 ata;

$r_e$ – das Gas-Öl-Verhältnis beim Restdruck $P_e$ ($m^3/m^3$);

$P_e$ – der Restdruck in der Schicht, in ata;

$\alpha_e$ – Korrektur für den Kompressibilitätskoeffizienten bei einem Druck von $P_e$;

$k_t$ – Korrektur der Temperatur $k_t = \dfrac{T + t_{st}}{t + t_{sch}}$;

wo die Schichttemperatur in °C gemessen wurde.

Zur Vereinfachung der Berechnungen wird gewöhnlich $P_e = 10$ ata gesetzt.

In der Schicht verbleibt somit das in Restöl gelöste und nichtgewonnene Gas sowie freies Gas im Porenraum, der durch die Ölentnahme und das Schrumpfen des Restöles frei wurde. Die Größe des Restdruckes $P_e$ sowie der Größe der Restlöslichkeit des Gases im Erdöl bei diesem Druck muß noch durch Forschungen präzisiert werden.

Die gewinnbaren Vorräte an in Erdöl gelöstem Gas aus Lagerstätten mit Wasserdruckregime werden nur nach den gewinnbaren Erdölvorräten berechnet; bei Lagerstätten mit anderen Regimen nach den Bilanzvorräten gemäß Formel (67).

Bei der Berechnung der Bilanzvorräte an in Erdöl gelöstem Gas ($Q_{gi}$) für Lagerstätten mit andern (nicht Wasserdruck-) Regimen wird bei der Einreichung der Vorräte zur Bestätigung durch die Vorratskommission auch eine Formel M. A. SHDANOWS angewandt:

$$Q_{gi} = Q_i r_0 + Q_n (r_0 - q) - Q_{i.sch} P_{rest}, \qquad (68)$$

wo $Q_i$ – die gewinnbaren Erdölvorräte [t];

$Q_n$ – die nichtgewinnbaren Erdölvorräte [t];

$Q_{i.sch}$ – die gewinnbaren Erdölvorräte in m³ bei Schichtbedingungen oder das Volumen des Porenraumes, das durch Entnahme der gewinnbaren Erdölvorräte frei gemacht wurde;

$q$ – die Restgasmenge in m³ pro Tonne Erdöl bei einem Restschichtdruck von 10 ata;

$P_{rest}$ – der Restschichtdruck am Ende der Exploitation, für den unter Vorbehalt 10 ata vereinbart wurden.

Die anderen Symbole haben die gleiche Bedeutung wie bei Formel (67).

Die Gasverluste im Speichergestein (d. h. das nichtgewinnbare Gas) bestehen somit: aus der Restgasmenge im nichtgewinnbaren Erdöl bei einem Restschichtdruck von 10 ata und dem freien Gas im Porenraum, der durch Entnahme der gewinnbaren Erdölvorräte frei gemacht wurde.

Die in den Erdölbilanzvorräten (gewinnbaren und nichtgewinnbaren) enthaltenen Bilanzgasvorräte werden nach dem Gas-Öl-Verhältnis bestimmt, das aus entnommenen Proben des Schichtöls ermittelt wurde.

Es ist leicht zu ersehen, daß die Vorräte des im Erdöl gelösten Gases exakter nach Formel (67) als nach Formel (68) berechnet werden.

# 5 Methoden zur Berechnung von Vorräten in klüftigen Gesteinen

In den letzten Jahren sind in einer Reihe von Gebieten der UdSSR Erdöl- und Gaslagerstätten entdeckt und in Betrieb genommen worden, bei denen die Speichereigenschaften der Gesteine in bedeutendem Maße oder hauptsächlich durch ihre Klüftigkeit bestimmt werden.

Die lithologisch-petrographische Untersuchung der Gesteinsklüftigkeit wies die weite Verbreitung einer Mikroklüftung (Haarklüfte) in den Gesteinen nach. Ihrer Entstehung nach können die Mikroklüfte unterteilt werden in: a) diagenetisch-tektonische und b) tektonische Klüfte. Die Frage nach der Entstehung der Klüfte ist gewöhnlich sehr schwierig zu beantworten und nur möglich auf Grund petrographischer und geologischer Angaben über das Gestein sowie eines umfangreichen vorliegenden Gesteinsmaterials.

In der Mehrzahl der Fälle ist die Klüftung der Gesteine vorzugsweise mit tektonischen und seltener mit diagenetischen Prozessen verbunden.

Klüfte diagenetischer Herkunft finden sich vorwiegend in Kalksteinen und Dolomiten. Sie verlaufen meist perpendikular zur Schichtung.

Das Hinüberreichen der Klüfte aus einer Schicht in eine andere, wobei die Schichtflächen geschnitten werden, kann für die tektonische Herkunft der Klüfte zeugen. Klüfte nichttektonischer Herkunft bilden im Aufblick meist ein Netz aus Vielecken. Die Frage nach der Herkunft der Mikroklüfte ist noch nicht genügend erforscht, weitere Untersuchungen sind notwendig.

Nach der Kluftweite (Breite) unterteilt man die Mikroklüfte in:

a) sehr enge – 0,005 bis 0,01 mm (kapillare Klüfte),
b) enge – 0,01 bis 0,05 mm (subkapillare) und
c) breite – von 0,05 bis 0,15 mm (Haarklüfte) und noch breitere.

Neben der Kluftweite sollten bei der Untersuchung klüftiger Gesteine auch die Häufigkeit ihrer Verbreitung, die Form der Klüfte (lineare oder gewundene), ihr Ausfüllungsgrad mit mineralischen oder bituminösen Stoffen usw. studiert werden.

Nach dem Ausfüllungsgrad unterscheidet man:

a) klaffende (offene) Klüfte, b) teilweise ausgefüllte und c) geschlossene (verheilte) Klüfte.

Untersuchungen der verschiedenen lithologischen Arten klüftiger Gesteine ergaben, daß:

1. in Sandsteinen und Aleurolithen offene Mikroklüfte überwiegen, geschlossene Klüfte dagegen selten auftreten;
2. in Tonen und Argilliten klaffende Mikroklüfte vorherrschen;
3. in Mergeln offene und geschlossene Mikroklüfte auftreten;
4. in organogenen Dolomitkalken geschlossene Klüfte weit verbreitet sind, aber auch offene Mikroklüfte vorkommen;
5. in Dolomiten geschlossene Mikroklüfte weit verbreitet sind; weniger häufig sind offene. Ihre Form ist gewunden, oft gezahnt.

Die Porosität der klüftigen Gesteine kann unterteilt werden in mit dem Intergranularraum und mit den Klüften zusammenhängende Porosität. Die erste charakterisiert das Volumen des Hohlraums zwischen den Körnern (Kristallen) des Gesteins, die zweite ist bedingt durch das Volumen der von den Klüften gebildeten Hohlräume.

Das Volumen der Klufthohlräume heißt Kluftporosität (oder auch „Hohlräumigkeit"[1]), das Volumen der Klufthohlräume in einer Volumeneinheit des klüftigen Gesteins – Koeffizient der Kluftporosität (oder Koeffizient der Hohlräumigkeit).

Untersuchungen ergaben, daß die Kluftporosität keine wesentliche Rolle für das Fassungsvermögen klüftiger Speicher spielt. Sie macht nicht mehr als 10% der intergranularen Porosität aus.

Dies läßt sich anscheinend damit erklären, daß in bedeutenden Tiefen (mehr als 1000 Meter) die Kluftweite in klüftigen Gesteinen 0,1 mm nicht übersteigen kann.

Das Handstück eines klüftigen Gesteins z. B. von der Form eines Würfels, der ein Volumen von 1000 $cm^3$ hat und von zehn 0,1 mm breiten Klüften durchzogen wird, hat eine Kluftporosität von nur 1%.

Das Fassungsvermögen klüftiger Kalksteine und Dolomite (Lagerstätten Karly, Kinsebulatowo, Sarubeshnoe), berechnet nach der geförderten Ölmenge (bei einem Ölabgabekoeffizienten von 0,2), ist nur etwa 1,25–1,8%.

Der Koeffizient der Kluftporosität klüftiger karbonatischer Gesteine schwankt für die Strukturen des Saratower Gebietes im Durchschnitt

---

[1]) Russisch: полостность (D. R.)

zwischen 0,1 und 1,5%. Die Kluftporosität klüftiger Gesteine einiger Strukturen der Russischen Tafel beträgt 1 bis 1,5%. Die südiranischen klüftigen Speicher kennzeichnet ein mittlerer allgemeiner Porositätskoeffizient von 5% (er schwankt zwischen 2 und 15%), das Volumen der Klüfte im Gestein übersteigt nicht mehr als 1–2% (nach CH. W. LANE).

In den Erdöllagerstätten der östlichen Karpaten haben die klüftigen Speicher eine Kluftporosität um 1–3%.

Im Unterschied zur Kluftporosität, die nur wenig die allgemeine Porosität des Gesteins beeinflußt, bestimmt die Kluftdurchlässigkeit faktisch die Größe der allgemeinen Permeabilität. In klüftigen Speichern kommt den Klüften bei der Filtration der Flüssigkeiten und Gase die entscheidende Rolle zu. Das ist daraus ersichtlich, daß klüftige Gesteine gewöhnlich entweder brüchige oder harte lithologische Varietäten sind, deren intergranulare Durchlässigkeit nur tausendstel Millidarcy mißt. Dabei sind aus solchen Gesteinen einer Reihe sowjetischer und ausländischer Lagerstätten sehr bedeutende Zuflüsse an Öl und Gas erhalten worden.

E. M. SMECHOW führt folgende Beziehung zur Bestimmung der Durchlässigkeit ($K$) klüftiger Gesteine an:

$$K = 85\,000 \cdot s^2 \cdot \varphi_{Kl}\,, \tag{69}$$

wo $s$ — die Breite der offenen Kluft in mm;
$\varphi_{Kl}$ — der Koeffizient der Kluftporosität sind.

Nimmt man wie oben einen Gesteinswürfel, der von zehn Klüften durchsetzt wird, die jeweils 0,1 mm breit klaffen, der ferner eine Kluftporosität in der Größe von 1% besitzt, so ist die Kluftdurchlässigkeit dieses Gesteins nach Formel (69) gleich:

$$K = 85000\, s^2 \varphi_{Kl} = 85000 \cdot 0{,}1^2 \cdot 0{,}01 = 8{,}5 \text{ Darcy} = 8500 \text{ Millidarcy}.$$

Der Bestimmung der Permeabilität klüftiger Gesteine auf Grund der Klüftigkeitsuntersuchung müssen somit die Größen der Kluftweiten, ihre Häufigkeit (Dichte), ihre Anordnung im Gestein und ihre Geometrie zugrunde gelegt werden.

Von großer Bedeutung ist in diesem Zusammenhang die allseitige mikroskopische Untersuchung von Dünnschliffen der klüftigen Gesteine. Es ist jedoch offensichtlich, daß die objektivste Methode zur Bestimmung der Durchlässigkeit klüftiger Gesteine diejenige ist, die sich auf betriebliche Untersuchungen des Arbeitsregimes der Sonde stützt.

Die Gegenüberstellung dieser Angaben mit den Ergebnissen der Dünnschliffuntersuchungen ist ohne Zweifel von großem wissenschaftlichem und praktischem Interesse.

Wenn die Durchlässigkeit klüftiger Gesteine bestimmt werden soll, indem Gas durch ein Gesteinsstück gelassen wird, müssen zylindrische Gesteinsstücke vorhanden sein, deren Höhe 4–5mal größer als der Durchmesser ist (damit die Klüftigkeit möglichst vollständig berücksichtigt wird). Dies engt den Kreis der Handstücke sehr ein, die zur Bestimmung der Durchlässigkeit (insbesondere im Gerätetyp von KELTON) geeignet sind.

Beim Studium klüftiger Speicher hat die Analyse der betrieblichen Daten große Bedeutung. Hierbei wird der Veränderungscharakter der Förderraten in den Sonden einer Struktur untersucht, die Schichtdrücke, der Charakter der Verwässerung sowie die Angaben der mechanischen Bohrlochmessungen[1]).

Bei der Untersuchung der Schichtdrücke wird gewöhnlich festgestellt, daß sie recht ungleichmäßig verteilt sind; benachbarte Sonden zeigen oft schroffe Unterschiede der Schichtdrücke. In einzelnen Fällen sind örtliche Druckminima zu beobachten.

Die Verwässerung der Sonden erfolgt ungleichmäßig. Einzelne Bohrungen werden fast völlig und rasch verwässert, andere geben über lange Zeit wasserfreies Öl. Der Charakter dieser Erscheinungen läßt sich häufig nicht mit der Lage der Bohrlochsohle hinsichtlich des Wasser-Öl-Kontaktes in Einklang bringen.

Das Studium der Daten aus mechanischen Bohrlochmessungen ergab, daß in sehr klüftigen Gesteinen ein erhöhter Bohrfortschritt im Vergleich zu festeren Schichten bei sonst gleichen Bedingungen erreicht wird.

Die Erdölabgabe klüftiger Speicher ist ungleichmäßig sowohl für die Fläche der Lagerstätte als auch für die Mächtigkeit des Gesteins.

Die Bestimmung der Vorräte in klüftigen Gesteinen ist außerordentlich erschwert, weil die Ermittlung des Klüftigkeitskoeffizienten auf große Schwierigkeiten stößt. Das hängt nicht nur mit dem geringen Kerngewinn zusammen, der meist 50% des durchteuften Intervalls nicht übersteigt, sondern auch damit, daß im Kern gewöhnlich die dichteren und weniger produktiven Teile der Schicht erhalten bleiben. Daneben ist die Bestimmung des Kluftvolumens nach den Ergebnissen der Kernanalyse noch sehr erschwert. Wenn in den gezogenen Kernen manchmal auch eine Klüftung beobachtet werden kann, so kann dann nicht immer ihre Entstehung festgestellt und bestimmt werden, ob sie während der Kernentnahme entstanden ist oder dem Gestein schon vorher eigen war.

---

[1]) Unter dieser Bezeichnung werden die Messungen zusammengefaßt, die während der Niederbringung der Bohrung im Bohrprozeß selbst (Bohrfortschrittsmessungen u. ä.) durchgeführt werden. (D. R.)

Außerdem kann die im Kern beobachtete Klüftung lokal entwickelt und nicht charakteristisch sein für die Schicht als Ganzes.

Es ist somit praktisch unmöglich, die Klüftigkeit produktiver Schichten für die Vorratsberechnung auf Grund von Laboruntersuchungen zu bestimmen.

Daher wurden Methoden (F. I. Kotjachow) zur angenäherten Einschätzung der Klüftigkeit nach den Ergebnissen betrieblicher Untersuchungen der Sonden vorgeschlagen. Die Gewinnungspraxis aus klüftigen Speichern hat, wie gesagt, gezeigt, daß deren maximales Aufnahmevermögen 2% des Gesamtvolumens der erdölgesättigten Gesteine, ihr nützliches Aufnahmevermögen nicht 0,25–0,36% übersteigt.

Einzelne Forscher (G. K. Maksimowitsch) nehmen daher an, daß die natürlichen Klüfte, soviel es auch sein mögen, keinerlei Einfluß auf die Porosität des Gesteins haben und ihr Aufnahmevermögen bei der Einschätzung der Erdölvorräte nicht berücksichtigt werden darf; die Klüfte übernehmen die Rolle von Drainagekanälen für die Bewegung der Flüssigkeit, und ihr Gesamtfassungsvermögen wirkt sich nur wenig auf die allgemeine Porosität der Schicht aus.

F. I. Kotjachow gibt für die Berechnung von Erdölvorräten Formeln, verweist jedoch auf die Schwierigkeit, zum Beispiel bei der Bestimmung der spezifischen Kluftbreite ($s$) mit der Maßeinheit 1/cm. Er stellt fest, daß die Fehler bei der Berechnung dieser Größe zu Fehlern bei der Berechnung des Koeffizienten der Klüftigkeit führen, die mehrere hundert Prozent erreichen können. Zur Lösung dieser Frage und zur präziseren Bestimmung der Größe $s$ empfiehlt F. I. Kotjachow die fotografische Aufnahme der Bohrlochwand mit Hilfe spezieller Fotoapparate, außerdem die anschließende Bestimmung der Kluftbreiten mit dem Kurvenmesser. Die klaffende Fläche der Klüfte wird dann auf die Fläche der Aufnahme bezogen und so $s$ ermittelt.

Für die genauere Bestimmung der Mittelwerte der Gesteinsklüftigkeit einer Schicht müßten in diesem Falle jedoch Fotoaufnahmen der Bohrlochwände aller Bohrungen angefertigt werden, was praktisch unmöglich ist.

F. I. Kotjachow weist gleichzeitig darauf hin, daß dort, wo der poröse Teil des klüftigen Gesteins industrielles Erdöl enthält, die Bestimmung des Erdölgehaltes in den Klüften nur von zweitrangiger Bedeutung ist.

Bei der Anwendung der Formel von F. I. Kotjachow für die Berechnung von Gasvorräten in klüftigen Speichern kann folgendes Berechnungsschema angedeutet werden:

1. Es wird der Permeabilitätskoeffizient bestimmt und dazu die Formel der Förderrate für eine ideale Gasbohrung und radialen Zustrom verwendet:

$$q = 11{,}8 \frac{(273 + t_{oberfl.})\, K.\, m\, (P_k^2 - P_s^2)}{(273 + t_{sch})\, Z\, \mu \lg \frac{R_k}{R_s}}, \tag{70}$$

wo $q$ – die Förderrate der Sonde [m³/Tag];
$m$ – die effektive gasgesättigte Schichtmächtigkeit [m];
$K$ – die Permeabilität in Darcy;
$\mu$ – die Viskosität der Gase in Centipoise;
$P_k$ und $P_s$ – der Druck an der Einzugsgrenze und der Sohlendruck im Bohrloch [at];
$R_k$ und $R_s$ – der Einzugsradius und der Bohrlochradius in m;
$Z$ – der Kompressibilitätskoeffizient;
$t_{oberfl.}$, $t_{sch.}$ – Temperatur an der Oberfläche (20° C) und die Schichttemperatur sind.

Ist die Förderrate der Sonde ($q$) aus der Untersuchung bekannt, kann der Permeabilitätskoeffizient ($K$) bestimmt werden:

$$K = \frac{1}{11{,}8} \cdot \frac{(273 + t_{sch})\, Z\, \mu \lg \frac{R_k}{R_s}}{(273 + t_{oberfl.}) \cdot m} \cdot \frac{q}{P_k^2 - P_s^2}. \tag{71}$$

2. Der für den Permeabilitätskoeffizienten errechnete Wert wird in die Formel von F. I. Kotjachow eingesetzt:

$$K = 82 \cdot 10^5\, \varphi^3{}_{kl}, \tag{72}$$

wo $\varphi_{kl}$ – der Klüftigkeitskoeffizient des Gesteins, als Dezimalbruch ausgedrückt, ist.

Ist der Wert für $\varphi_{kl}$ bestimmt, können die Gasvorräte nach der bereits bekannten Volumenformel (54) berechnet werden, indem $\beta_g$ und $\eta_g$ gleich eins genommen und statt des Porositätskoeffizienten ($\varphi$) der Klüftigkeitskoeffizient ($\varphi_{kl}$) eingesetzt wird.

Analog dem Gesagten wird auch bei der Berechnung von Erdölvorräten in klüftigen Speichern verfahren: aus den Untersuchungsdaten der Ölsonde werden der Permeabilitätskoeffizient, nach diesem aus Formel (72) der Klüftigkeitskoeffizient bestimmt und schließlich die Erdölvorräte nach der Volumenformel berechnet.

Die Anwendung der erwähnten Beziehungen bei der Berechnung der Erdöl- und Erdgasvorräte macht jedoch noch weitere Untersuchungen und die Überprüfung durch die Praxis notwendig.

Es erscheint durchaus zweckmäßig, möglichst breit die Methode der Materialbilanz für die Berechnung von Erdöl- und Erdgasvorräten in klüftigen Speichern anzuwenden, da sie ohne jeden Zweifel zu zuverlässigeren Ergebnissen führen wird als die auf den Klüftigkeitskoeffizienten aufbauende Volumen-Methode.

Zu beachten ist, daß bei der Anwendung der Volumenformel neben der Kenntnis des Klüftigkeitskoeffizienten auch noch eine Reihe anderer, in die Volumenformel eingehender Parameter zu bestimmen ist, wobei deren Berechnung bei klüftigen Speichern mit erheblichen Schwierigkeiten verbunden ist.

# 6 Methoden zur Einschätzung der prognostischen Vorräte an Erdöl und Erdgas

Die richtige Beurteilung der Perspektiven der Erdöl-Erdgas-Führung für das eine oder andere Territorium und die Bestimmung der voraussichtlichen Ressourcen an Erdöl und Erdgas ist von außerordentlicher Bedeutung für die Festlegung des Investitionsumfanges, des Umfanges und der Richtung projektierter geologischer Erkundungsarbeiten, der Reihenfolge der Erkundung und Inbetriebnahme von Lagerstätten, der Festlegung des wahrscheinlichen Ausmaßes der Erdöl- und Erdgasförderung usw.

Eine ausgearbeitete Methodik zur Einschätzung der Perspektivvorräte an Erdöl und Erdgas gibt es noch nicht. Die Einschätzung der Perspektivvorräte stützt sich vorwiegend auf äußerst allgemeine geologische Überlegungen und subjektive Berechnungen.

In jüngster Zeit tauchte im Zusammenhang mit der Ausarbeitung von Perspektiventwicklungsplänen der Gas- und Erdölindustrie und der dazu erforderlichen weit gefaßten geologischen Beurteilung großer Territorien für die vollständige Erfassung aller möglichen Erdöl- und Erdgasressourcen eine neue Vorratsgruppe in der Literatur auf, die als prognostische Vorräte bezeichnet wurde.

Diese neue Vorratsgruppe ist in der sowjetischen Instruktion[1]) zur Vorratsberechnung von Erdöl und Erdgas nicht vorgesehen und geht über deren Rahmen hinaus. Für die prognostischen Vorräte liegt gegenwärtig noch keine einheitliche exakte Definition vor.

Wir schlagen vor, zur Gruppe der prognostischen Vorräte Vorräte solcher Flächen zu rechnen, die innerhalb der Grenzen eines vermutlich erdöl- und erdgasführenden Gebietes (Provinz) liegen, wenn sich eine günstige Öl- und/oder Gas-Führung entweder auf Grund allgemeiner regionaler geologischer (oder geophysikalischer) Untersuchungen (jedoch noch nicht durch eingehende geologische und geophysikalische Arbeiten

---

[1]) Die DDR-Klassifikation und Instruktion enthält diese Vorratsgruppe. (D. R.)

bestätigte) oder durch die geologische Rayonierung und Ausgliederung möglicher Erdöl-Erdgas-Akkumulationszonen andeutet.

Die Einschätzung der prognostischen Vorräte sollte in zwei Stadien durchgeführt werden: zuerst eine qualitative Einschätzung mit der Aussonderung möglicher erdgas-erdölführender Flächen und Territorien und dann – ihre quantitative Bewertung.

## 6.1 Die qualitative Einschätzung

Ein Urteil über die mögliche Gas- und Öl-Führung einer Fläche muß sich auf die gegenwärtig feststehenden wissenschaftlichen Erkenntnisse hinsichtlich der Bedingungen stützen, die zur Entstehung und Erhaltung von Öl- und Gaslagern führen. Dazu gehören Daten über die Tektonik (Geotektonik), die Stratigraphie (einschließlich paläogeographischer und paläogeologischer Fragen), die Lithologie (Fazies und die Bedingungen der Sedimentation), Öl- und Gasanzeichen an der Erdoberfläche, Angaben der Geochemie, Hydrochemie, Hydrogeologie u. a.

### 6.11 Tektonik (Geotektonik)

Die Tektonik ist das wichtigste Kriterium für die Gas- und Öl-Führung einer Fläche. I. M. Gubkin wies seinerzeit darauf hin, daß „die Wanderung des Erdöls letzten Endes durch die Tektonik bestimmt wird". Die geotektonische Situation spielt also eine große Rolle. Sie beeinflußt die Lithologie der sich im zukünftigen erdölführenden Becken bildenden Sedimente, die geochemischen Bedingungen ihrer Akkumulation, die Dynamik der Grundwässer usw. Tektonische Bewegungen begünstigen die Entstehung geschichteter, mit organischem Material angereicherter Folgen, das Auftreten von Schichtlücken und Diskordanzen sowie die Verbreitung erdgas-erdölführender Formationen. Bedeutenden Einfluß übt dieTektonik auf die Entstehung einer Klüftung in den Gesteinen aus und schafft damit Speicher eines besonderen Typs. Mit tektonischen Bewegungen sind schließlich auch magmatische Erscheinungen und die Metamorphose der Gesteine verbunden, was sich manchmal auf die Bitumenbildung und die Öl-Gas-Akkumulation negativ auswirken kann.

Die Gesetzmäßigkeiten in der räumlichen Verbreitung erdöl-erdgasführender Strukturen können mit Erfolg nur durch die Erforschung der geotektonischen Entwicklung und der Herausbildung der tektonischen Hauptelemente der einen oder anderen Provinz erkannt werden. Daher sind das Studium der Paläotektonik und die paläotektonische Analyse des Gebietes unbedingte Voraussetzung für die Beurteilung der Perspektiven seiner Erdöl-Erdgas-Führung. Das Studium der geologischen Geschichte, regionale tektonische Zusammenfassungen und Angaben der Paläotektonik sind unerläßliche Grundlagen für die Ermittlung der Perspektive eines erdöl-erdgasführenden Gebietes (oder einzelner Flächen).

Hieraus folgt, daß bei der Untersuchung der Perspektive sowohl die Lage der betreffenden Fläche im regionalen tektonischen Plan betrachtet werden muß als auch die Struktur der Fläche selbst. Ferner sind die möglichen Fallentypen des betreffenden Gebietes zu untersuchen, insbesondere diejenigen, die sich bereits als günstig für die Bildung industrieller Erdöl- und Gaslager erwiesen haben. Die mögliche Ausdehnung der Struktur muß festgestellt werden, ebenso die Höhe der von der Struktur erfaßten Schichten und der Zusammenhang zwischen Höhe der erfaßten Schichten und Höhe des an diese gebundenen Erdöl (oder Erdgas-) lagers in Abhängigkeit vom Strukturtyp, der Lithologie der erdölführenden Gesteine und anderer Faktoren.

Besonders wichtig ist es, in der Verteilung der Erdöl- und Erdgaslager die von der Tektonik der betrachteten erdölführenden Provinz abhängigen Besonderheiten zu ermitteln. Neue, für dieses Gebiet noch unbekannte Strukturtypen dürfen natürlich nicht unberücksichtigt bleiben. Die Entdeckung von Gas- oder Erdöllagern, die an solche Strukturen gebunden sind, ist jedoch weit aufwendiger als die bereits bekannter und erforschter Strukturtypen. Im Gebiet von Baku sind z. B. die mit den Antiklinalstrukturen in Verbindung stehenden Lager die aussichtsreichsten. Die mögliche Existenz von Lagern an Verwerfungen, also nicht an Antiklinalstrukuren gebundene und bisher noch nicht bekannte, kann jedoch nicht verneint werden. Im Gegenteil. In Südwest-Turkmenien, insbesondere im Pribalchaner Bezirk, wird eine außerordentlich starke Zerstückelung der Strukturen beobachtet. Die Strukturen dieses Bezirkes sind im wesentlichen eine Auswirkung vertikaler Kräfte, sie entstanden synchron mit der Sedimentation. Hier rief die Vielphasigkeit in der Entwicklung der Strukturen auch eine Vielphasigkeit der Erdölbildung und eine komplizierte Verteilung der Öl- und Gaslager hervor.

Ein anderes Bild wird im südlichen Emba-Bezirk beobachtet, wo ein zeitlich einheitliches Wachstum aller untersuchten Salzstöcke in Verbindung mit den regionalen tektonischen Phasen festgestellt wurde. Die Aufstiegsamplitude der einzelnen Salzstöcke war jedoch für die einzelnen

Wachstumsetappen unterschiedlich. Anscheinend blieben die noch im oberen Perm entstandenen Räume zwischen den Salzstöcken im Verlaufe der ganzen späteren geologischen Geschichte als Depression erhalten. Ihre Verbindung mit den benachbarten Räumen zwischen den Salzstöcken war sehr begrenzt, und ihre Isoliertheit nahm mit jedem neuen Aufstieg der Salzstöcke zu. Die Speisungsgebiete der gegenwärtig existierenden Lager und die Migrationsgrenzen des Erdöls wurden somit unter diesen Bedingungen im wesentlichen durch die Ausmaße der Räume zwischen den Salzstöcken während der einen oder andern Etappe der Lagerbildung bestimmt.

Das Studium der Zusammensetzung und Eigenschaften der Öle im Emba-Bezirk beweist, daß ihre Veränderung von den geologischen Lagerungsverhältnissen und der unterschiedlichen geologischen Geschichte der einzelnen Teile des Bezirkes abhängt, sogar verschiedener Teile einzelner Salzstockaufwölbungen. Die Zonalität in der Verteilung der Eigenschaften der Öle ist hier mit lithologischen und Mächtigkeitsveränderungen einzelner produktiver Folgen verbunden. Es kann ebenfalls eine gesetzmäßige Veränderung des Kohlenwasserstoffbestandes der Öle mit der Tiefe beobachtet werden: von oben nach unten wird der Übergang von naphthen-methanischen zu methan-naphthenischen Ölen festgestellt.

In einer Reihe von Fällen muß bei der Einschätzung der Perspektiven einer Erdgas-Erdöl-Führung auf Grund tektonischer Daten das Nichtübereinstimmen der Strukturen beachtet werden.

Für die Uralvorsenke wird zum Beispiel eine stark ausgeprägte Nichtübereinstimmung der Strukturen der Sakmar-Artinsker (erdölführenden) Ablagerungen mit den Strukturen der darüberliegenden Sedimente der Kungur-Stufe und der Ufaer Folge beobachtet. Nicht selten liegen dann, wenn sich in den Kungur-Ablagerungen großflächige Aufwölbungen andeuten, die Artinsker Ablagerungen horizontal oder bilden sogar Mulden. In Gebieten, in denen die Artinsker Ablagerungen tief abtauchen, bilden die Gesteine des halogenen Kungurs häufig linear gestreckte, mit der Salztektonik zusammenhängende Strukturen des Diapirtyps.

Zwischen den Strukturen der Sakmar-Artinsker und der Ufaer Ablagerungen wird eine noch geringere Übereinstimmung beobachtet. Die Ufaer Ablagerungen sind gewöhnlich durch eine veränderliche Mächtigkeit gekennzeichnet, die in den tiefen Muldengebieten stark zu- und in den angehobenen Abschnitten des halogenen Kungurs abnimmt. Die Nichtübereinstimmung der oberpermischen Strukturen mit den Strukturen älterer Horizonte wird auch sehr häufig im

Tafelgebiet Baschkiriens beobachtet. Von wesentlicher Bedeutung bei der Einschätzung der Perspektiven einer Struktur und für die Beantwortung der Frage nach möglichen Gas- und Öllagern in ihr ist die Feststellung von Auswaschungen und durch verschiedene tektonische Bewegungen verursachte Schichtlücken im geologischen Profil.

In anderen Fällen, z. B. im erdgas-erdölführenden Dnepr-Donez-Gebiet, ist es begründet, bei monoklinalen Lagerungsverhältnissen der Karbon-Sedimente (im Bezirk des Krementschuger Vorsprungs) das Auftreten stratigraphischer Fallen zu erwarten, die eine Erdölakkumulation begünstigen.

Schließlich ist zu beachten, daß die folgerichtige Entwicklung einer Faltenstruktur nicht selten zur Umverteilung primärer Erdöl- und Erdgaslager führt.

Sollen also die mit der Tektonik des Gebietes in Zusammenhang stehenden Bedingungen für die Verteilung von Erdöl- und Erdgaslagern geklärt werden, muß die Geschichte der geologischen Entwicklung dieses Gebietes studiert werden. Nehmen wir als Beispiel die Herausbildung der Erdöl- und Erdgaslager innerhalb der Depressionszone der unteren Kura. Die Anfänge der Strukturbildung fixieren sich schon deutlich seit Ende des Zeitalters der produktiven Folge und des Aktschagyl-Anfanges. Die Migration der Kohlenwasserstoffe begann wahrscheinlich bald nach der Ablagerung der unteren Abteilung der produktiven Folge; die Erdöl- und Erdgaslager in den Brachyantiklinalfalten wurden in ihrer ursprünglichen Form am Ausgang der Sedimentation der Apscheron-Stufe gebildet.

Nach der Ablagerung der Apscheron-Stufe begannen starke gebirgsbildende Bewegungen, als deren Folge sich die Faltenformen bedeutend veränderten und zwei parallele disjunktive Störungen entstanden. Der Bau der Strukturen komplizierte sich durch eine Vielzahl von Querstörungen sowie die Tätigkeit von Schlamm-Vulkanen. Infolge dieser tektonischen Komplizierungen, die nach der Ablagerung der produktiven Folge entstanden, erfolgte eine Umverteilung der Erdöllager, von denen ein Teil zerstört wurde, als die produktive Folge an die Oberfläche gehoben wurde.

Beim Studium der Timan-Petschora-Erdöl-Erdgas-Provinz zeichnen sich z. B. zwei vollkommen selbständige Perioden ab – die geosynklinale und die Tafelperiode. Im Verlaufe der geosynklinalen Periode lagerte sich eine 5000–6000 Meter mächtige sedimentäre Folge ab, die am Ausgang des Proterozoikums in die Gebirgsbildung einbezogen wurde. Als Ergebnis entstand der alte Timan-Gebirgszug, und anscheinend bildeten sich gleichzeitig mit ihm die alte Petschora-Strukturkette und die Ussiner Aufwölbung (als mächtige Antiklinale).

Nach der Gebirgsbildung verwandelte sich die Timan-Geosynklinale in ein junges Tafelgebiet und konsolidierte (verschweißte) sich mit älteren Teilen der Russischen Tafel, deren nordöstliche Randzone sie seitdem bildet. Damit begann die Tafelperiode in der Entwicklung der Timan-Petschora-Provinz. Daher erscheint beim Studium der Tektonik und Geschichte der geologischen Entwicklung der Provinz die Ussiner Aufwölbung als aussichtsreichstes Objekt für die Suche nach Erdöl- und Erdgaslagern, und zwar nicht nur die Ablagerungen des oberen, sondern auch des unteren Paläozoikums (vor allem des Silur).

Bei der Einschätzung der Perspektiven eines erdöl-erdgasführenden Gebietes nach tektonischen Angaben ist die Klärung der geotektonischen Entwicklung wichtig. Äußerst nützlich ist hierbei die paläotektonische Analyse mit Hilfe von Paläostrukturkarten und Paläoprofilen. Im sedimentären Gesteinskomplex der am geologischen Aufbau der betreffenden Falte beteiligten Schichten werden für die Konstruktion dieses Karten- und Profiltyps stratigraphische Leithorizonte (oder geophysikalische Meß-Pegel) ausgewählt, die sich innerhalb der untersuchten Fläche einwandfrei verfolgen lassen. Der gewählte Horizont (oder Pegel) wird (für einen beschränkten zu untersuchenden Abschnitt) als horizontale Null-Ebene angenommen. Von ihr aus werden Paläostrukturkarten der Oberfläche des Horizontes konstruiert, für den die Herausbildung der Struktur untersucht wird.

Auf analoge Weise werden Paläoprofile konstruiert, die in verschiedenen Richtungen die Mächtigkeitsverteilung von den ausgesuchten stratigraphischen Horizonten (oder Pegeln) bis zur Oberfläche des untersuchten Horizontes zeigen. Dazu wird jeder ausgewählte Horizont (oder Pegel) als horizontale Linie eingetragen. Von ihr werden nach unten die Horizontmächtigkeiten abgetragen, darunter dann die Mächtigkeit des tieferliegenden Horizontes usw.

Solche Konstruktionen zusammen mit Karten gleicher Mächtigkeiten gestatten es, über die geotektonische Entwicklung des betreffenden Gebietes und einzelner Strukturen zu urteilen sowie die möglichen Perspektiven der Flächen hinsichtlich ihrer Erdöl- und Erdgas-Führung zu klären.

Ein wichtiges Erkenntniselement der tektonischen Besonderheiten und der Beurteilung der Perspektiven eines Bezirkes sind geophysikalische Untersuchungen.

Allgemein kann festgestellt werden, daß Antiklinalen und Kuppeln in Geosynklinalgebieten – deutlich ausgeprägte, ebenso wie sogenannte Plakantiklinalen[1]) (mit geringen Höhen) – günstige Formen sind. In manchen Bezirken der Geosynklinalgebiete sind weite Falten günstiger für Gaslager, schmale dagegen – für Öllager. I. M. Gubkin weist auf Grund des Studiums der Lagerstätten der Apscheron-Halbinsel darauf hin, daß die Lagerstätten im Durchschnitt zwischen den Höhen 100 und 700 Meter liegen und $^1/_5$ bis $^1/_{10}$ der Strukturhöhe ausmachen. Etwa dasselbe Verhältnis gilt für die flächenhafte Ausdehnung der Lager zur Fläche der Strukturen. Flache Strukturen (bis 10–15°) haben die geringste der genannten Höhen, etwa 100 Meter. Strukturen mit größerem Fallwinkel (60–70°) besitzen eine größere Höhe – bis 700 Meter. In kofferartigen Strukturen nimmt das Öllager gewöhnlich den flachen Teil der Erhebung ein und reicht nicht an den steilen Flanken hinab.

Auch die zweitrangigen und sekundären Strukturformen sind zu berücksichtigen, da sie das mögliche Ausmaß des Lagers vergrößern.

Bei der Einschätzung einer möglichen Erdölführung sind auch Bruchstörungen zu beachten. In einer Reihe von Fällen begünstigen Verwerfungen die Bildung abgeschirmter Erdöllager (z. B. im Erdölgebiet von Grosny). In anderen Fällen wirken sich Verwerfungen nachteilig aus, als Entgasungswege (Daghestan), oder begünstigen das Empordringen unter hohem Druck stehender Tiefenwässser, die das Erdöl verdrängen (Turkmenien, z. B. in einzelnen Abschnitten der Lagerstätte Nebit-Dag). Wieder in anderen Fällen waren Brüche kein Hindernis für die Bildung oder Zerstörung mächtiger Erdöllager (Lenin-Bezirk, Bibi-Eibat, Surachany u. a.).

Es muß hervorgehoben werden, daß die tektonische Rayonierung (bei Berücksichtigung der tektonischen Störungen) – die zur Einschätzung der Perspektiven einer Erdöl-Erdgas-Führung nach der tektonischen Karte vorgenommen wird – sich nicht nur auf die geologischen Feldbeobachtungen stützen kann, sondern in erheblichem Maße (und in einer Reihe von Fällen sogar hauptsächlich) auf komplexe und besonders geophysikalische Unterlagen.

---

[1]) Plakantiklinalen sind nach Schatskij flache, antiklinalartige, gewöhnlich asymmetrische Einzelstrukturen der Tafel, die in den Flanken größere Mächtigkeiten als im Sattel aufweisen, wobei das Schichteinfallen in Richtung der älteren Sedimente zunimmt. (D. R.)

### 6.12 Statigraphie (Paläogeographie und Paläogeologie)

In jedem erdölführenden Gebiet können gewöhnlich bestimmte stratigraphische Folgen ausgeschieden werden, die äußerst produktiv sind, während andere wenig produktiv sind oder überhaupt kein Erdöl oder Erdgas enthalten. Es ist jedoch bekannt, daß kein ausgesprochener Zusammenhang zwischen dem Alter der Gesteine und der Produktivität der stratigraphischen Folgen besteht. Andererseits muß eine auf weiten Flächen produktive stratigraphische Folge einer bestimmten erdölführenden Provinz im Vergleich mit anderen in dieser Provinz als höffigste Folge betrachtet werden. Nur die Gesteine des Fundaments können dort, wo sie infolge physikalisch-chemischer und mechanischer Verwitterung oder Zerklüftung porös und durchlässig geworden sind, Speicher für Erdöl und Erdgas werden, unabhängig von ihrem Alter und der überwiegenden Bedeutung einer bestimmten stratigraphischen Einheit des untersuchten Gebietes hinsichtlich der Produktivität.

Zur Beantwortung der Frage nach der Verbreitung der uns interessierenden stratigraphischen Folge und deren Entstehungsbedingungen im untersuchten Gebiet sollten paläogeographische Angaben herangezogen und paläogeographische Karten konstruiert werden. Auf diesen wird die Verteilung von Land und Meer in der betreffenden geologischen Epoche gezeigt, ihre Verbreitung und Grenzen sowie die physiko-geographischen Verhältnisse der vergangenen geologischen Epoche. In einzelnen Fällen gelingt es, die biochemischen Verhältnisse (Fazies), Speisungsgebiete mit terrigenem und anderem Material, das Klima sowie die Situation zu rekonstruieren, in der sich die Ablagerungen bildeten und die organische Welt entwickelte. Solche Karten können exakter gezeichnet werden, wenn Bohrungen niedergebracht oder gut aufgeschlossene Flächen vorhanden sind. Ist dies nicht der Fall, können auf Grund allgemeiner regionaler Überlegungen die Verbreitungsgrenzen der betreffenden stratigraphischen Einheit nur schematisch gegeben werden.

Interessant ist, als Beispiel, ein Hinweis auf die eigenartige paläogeographische Situation, die an der Emba während der Bildung der mitteljurassischen Folgen herrschte. In dieser Zeit ist ein häufiger Wechsel zweier Landschaftsbilder zu beobachten – ein Flachmeer mit unzähligen Lagunen und eine tiefliegende versumpfte Ebene. Diese Situation ist für die Zone zwischen den Isopachen 250–350 m charakteristisch. Für dieses Intervall sind günstige Bedingungen für eine Erdölgewinnung aus dem mittleren Jura beobachtet worden. Außerhalb der eigentlichen erdölführenden Zone sind nur in der Nähe dieses Intervalles einige wenig ergiebige Lagerstätten festgestellt worden, weiter von dieser Zone entfernt gibt es lediglich schwache Ölanzeichen, industrielle Erdöllager fehlen jedoch.

Zur Klärung der Perspektiven einer Gas- oder Öl-Führung des betreffenden Gebietes können paläogeologische Karten, die die Verteilung der verschiedenen Sedimente für irgendeine vergangene geologische Periode zeigen, ebenfalls eine bedeutende Hilfe sein. Solche Karten können nach einem Horizontalschnitt für eine willkürlich gewählte Tiefe konstruiert werden oder, was vorzuziehen ist, für Diskordanzflächen. Besonders interessant sind solche für Diskordanzflächen konstruierten Karten, wenn eine produktive Folge diskordant überlagert wird oder eine alte Denudationsfläche vorliegt. Bei konkordanter Lagerung der Schichten sind paläogeologische Karten, die für den Beginn oder das Ende einer geologischen Epoche konstruiert worden sind, von geringem Wert. In diesem Falle sollten paläogeologische Karten für Horizontalschnitte in jener Tiefe konstruiert werden, wo durch den Schnitt eine möglichst große Anzahl stratigraphischer Horizonte erfaßt wird.

Paläogeologische Karten stellen die Geologie und Tektonik dar, wie sie in der betreffenden geologischen Zeit, z. B. Präjura, Karbon usw., war, also genau so, wie die geologischen Karten den gegenwärtigen Bau darstellen, z. B. die Ausbisse älterer, von jüngeren Gesteinen umgebener Schichten, was offensichtlich auf eine Antiklinale schließen läßt usw. Paläogeologische Karten leisten eine große Hilfe bei der Suche nach möglichen stratigraphischen Fallen. Für Diskordanzflächen konstruierte paläogeologische Karten widerspiegeln außerdem die Ergebnisse der Erosion, Unterbrechungen in der Sedimentation sowie mit der Diskordanz verbundene strukturelle Besonderheiten.

Die paläogeologische Karte wird nach den Daten aus niedergebrachten Bohrungen (bei Zuhilfenahme von Diagrammen der Elektro-Bohrlochmessungen) und nach Gesteinsausbissen zusammengestellt. In den Bohrungen wird der stratigraphische Horizont festgehalten, der den betreffenden, als Leithorizont gewählten unterlagert. Eine für das Präkarbon konstruierte paläogeologische Karte zeigt z. B. die Anordnung der stratigraphischen Horizonte, die älter als Karbon sind (d. h. devonische und ältere Ablagerungen). In diesem Falle muß die Sohle des Karbons als Ausgangshorizont genommen und in allen Bohrungen (und Gesteinsausbissen) die entsprechenden, unterhalb dieser Sohle aufgeschlossenen stratigraphischen Horizonte festgehalten werden. Die Verallgemeinerung der so erhaltenen Daten über die Lage der stratigraphischen Horizonte auf der untersuchten Fläche gestattet es, eine paläogeologische Karte des Präkarbons zu konstruieren.

Bei der Zusamenstellung paläogeologischer Karten für eine Diskordanzfläche werden die Aufschlußpunkte (aus den Bohrprofilen, den Bohrloch-Meß-Diagrammen und Aufschlüssen) der betreffenden stratigraphischen Horizonte verwendet, die unmittelbar unter der Deckschicht der erodierten Diskordanzoberfläche anstehen. Durch Zusammenfassung der erhaltenen Daten wird dann die entsprechende paläogeologische Karte für die Diskordanzfläche konstruiert. Liegen eine Reihe solche Diskordanzflächen vor, sollten für alle Karten zusammengestellt werden.

Hat die diskordante Lagerung nur geringe Erstreckung, werden, wenn erforderlich, lokale paläogeologische Karten konstruiert. Bei regionalen Untersuchungen sollten lediglich weit verbreitete Diskordanzen berücksichtigt werden. Solche paläogeologischen Karten sind weitaus nützlicher; sie erleichtern die Klärung der Lage möglicher stratigraphischer Fallen.

Die paläogeologische Karte gestattet es, besser die Rekonstruktion der geologischen Geschichte des betreffenden Gebietes (insbesondere bei Konstruktion einer ganzen Serie solcher Karten) vorzunehmen. Sie hilft bei der Beurteilung einer möglichen Erdgas-Erdöl-Führung des Gebietes und insbesondere die Richtung geologischer Such- und Erkundungsarbeiten auf Erdöl und Erdgas zu bestimmen.

### 6.13 Lithologie (Fazies und Sedimentationsbedingungen)

Um die Perspektiven der Erdöl-Erdgas-Führung eines Gebietes zu klären, ist es wichtig, den lithologisch-faziellen Charakter der Gesteine zu untersuchen. Das bezieht sich vor allem auf die vermutete erdöl-erdgasführende Folge.

Nach den Unterlagen der Bohrungen, paläogeographischen und allgemeinen regionalen Daten werden Isopachenkarten für die untersuchte Folge konstruiert und in diese die lithologischen Eigenschaften und Tendenzen zu faziellen Veränderungen in bestimmten Richtungen eingetragen. Bekanntlich sind konstante lithologische Zusammensetzung und gute Speichereigenschaften des erdöl-erdgasführenden Gesteins äußerst günstig zu werten.

Die Mächtigkeit industrieller Erdölschichten erreicht selten Dutzende Meter. Oft sind mächtige Sandschichten ohne Zwischenlagen geringdurchlässiger Gesteine ungünstige Anzeichen. Am höffigsten sind

Wechsellagerungen relativ geringmächtiger Schichten durchlässiger Gesteine mit undurchlässigen oder nur wenig durchlässigen. Andererseits sind wiederum einzelne sehr dünne Schichten durchlässiger Gesteine (unter 1 m) inmitten undurchlässiger weniger günstig als Schichten mittlerer Mächtigkeit.

Ein geschlossenes Lager befindet sich bekanntlich in vorteilhafteren Verhältnissen als ein halbgeschlossenes, bei dem die erdölführende Folge häufig an der Oberfläche ausstreicht; die schlechtesten Verhältnisse weisen meist offene Lager auf. In Antiklinalfalten mit Diapir-Kern oder bei schroffer Mächtigkeitsverringerung der Gesteine in den Scheitelteilen muß dabei jedoch mit der Möglichkeit gerechnet werden, daß Gesteine auskeilen, nicht an der Oberfläche ausbeißen und Erdöl-Erdgaslager enthalten können.

Erscheinungen des Dynamometamorphismus – Verdichtung der Gesteine, Clivage, feste und dichte brekzienartige Gesteine – sind hinsichtlich der Bildung von Erdöllagern ungünstig einzuschätzen, mit Ausnahme der Klüftung, die sich auf die Akkumulation und insbesondere die Wanderung des Erdöls in den Schichten vorteilhaft auswirken kann.

Außerdem ist Gesteinsmetamorphismus infolge hoher Temperaturen, Gebirgsdruck und anderer Faktoren zu berücksichtigen. Durch die Metamorphose werden Gesteine, die nach ihrer Ablagerung locker und durchlässig waren, dicht und fest, weniger porös und weniger durchlässig. Bei bedeutender Metamorphose gehen reine Sandsteine in Quarzite über, Tone – in feste Schiefer, Kohlen verwandeln sich in Anthrazite, die bituminösen Stoffe verschwinden, und lediglich Graphiteinschlüsse (Anthraxolith) zeugen von ihrer früheren Anwesenheit.

Zwischen metamorphen und unveränderten Gesteinen werden Übergänge beobachtet, die nach dem Gehalt an nichtflüchtigem Kohlenstoff und dem sogenannten Kohlenstoffkoeffizienten beurteilt werden (er wird später ausführlicher behandelt).

Erscheinungen des Metamorphismus spielen bei der Verteilung der Erdöl- und Erdgaslager eine erhebliche Rolle. Die Nichtbeachtung dieses Faktors führte bei der Erdölerkundung in einzelnen Bezirken des Hohen Nordens im europäischen Teil der UdSSR zu großem, unproduktivem Erkundungsaufwand.

Bei der Beurteilung der Speichereigenschaften der Gesteine müssen die Analysenangaben des Kerns (sowie der elektrischen und radioaktiven Bohrlochmessungen) der niedergebrachten Bohrungen sowie die Unterlagen von Übertagebeobachtungen verwendet werden. Dabei ist die mögliche Veränderung der Speichereigenschaften mit der Teufe zu berücksichtigen. Nicht selten sind z. B. kalkige Sandsteine in Oberflächennähe durch Auflösung des Kalzits besonders weich und porös. Manchmal wird jedoch auch beobachtet, daß tiefliegend lockere Gesteine an der Oberfläche verfestigt sind. Infolge Verdunstung der Grundwässer können sie durch Salzausscheidung zementiert werden, z. B. die sandigen Gesteine der „Lücken-Folge" im produktiven aserbaidshanischen Pliozän.

Nicht vergessen werden darf ferner, daß laterale Veränderungen der Textur und des Mineralbestandes sowie das fazielle Auskeilen der Gesteine häufig günstige Faktoren sind. Durch Abschirmung können sich so Erdöl- und Erdgaslager bilden, die in entgegengesetzter Richtung zum Einfallen auftreten.

Durch besonders große fazielle Veränderlichkeit sind gewöhnlich die tertiären Gesteine gekennzeichnet. Das muß bei der Einschätzung der Perspektiven der Erdöl-Erdgas-Führung einer solchen Fläche und bei der Korrelation der Bohrprofile im Auge behalten werden. Nicht außer acht gelassen werden darf auch das paläogeographische Milieu der Sedimentbildung. Bekanntlich ist für die ufernaheste Sedimentationszone (das neritische Gebiet, 0–200 Meter Tiefe) gewöhnlich eine große Mannigfaltigkeit der Sedimente charakteristisch. Sie enthält grob- und feinkörnige Sande oder Muschelkalke, Tone, Schiefer. Diese Gesteine ändern ihre Textur und Zusammensetzung in vertikaler und horizontaler Richtung sehr rasch. Die chemische und biochemische Aktivität dieser Zone ist intensiv ausgeprägt. Die tonigen und sandigen Ablagerungen der meisten Lagerstätten wurden offenbar in dieser veränderlichen Uferzone gebildet. Die mit dieser Zone verbundenen Deltaarme und ihre Verbindungen wurden mit Sand angefüllt und stellen sich auf diese Weise als in Ton eingeschlossene ärmelartige Sandablagerungen dar. Eine noch größere Mannigfaltigkeit in die Verteilung der sandigen Ablagerungen bringen Meeresströmungen, Rutschungen unter Wasser, Schlammströme usw.

Solche Besonderheiten im Prozeß der Sedimentbildung müssen bei der Beurteilung der Perspektiven der betreffenden Fläche unbedingt berücksichtigt werden.

Anzeichen für die Verfrachtung ufernaher Sedimente durch die Strömung weit in den Ozean sind z. B. Schichten grober unklassierter klastischer Ablagerungen, die mit einheitlichen feinkörnigen Sedimenten wechsellagern, und eine gewisse Übergangsschichtung am Kontakt beider. Auftretender Tongehalt der Gesteine, der die Porosität, die Durchlässigkeit und besonders die Gas- und Ölabgabe beeinflußt, ist ebenfalls zu beachten.

Ursache für die Verfestigung und Verdichtung der Sedimentgesteine ist hauptsächlich die teilweise Verdrängung des Wassers aus den Tonmineralen. Nicht selten erklärt sich der große Salzgehalt in den Wässern der Erdöllagerstätten in hohem Maße durch das Freiwerden der durch die Tonminerale absorbierten Salze.

Schon geringe Tonmengen im Gestein wirken sich auf eine Reihe von physiko-chemischen Parametern der Erdölschicht aus, nämlich auf die Adsorbtion, die Oberflächenspannung an den Trennflächen, die Kapillareffekte und die Benetzbarkeit.

Manchmal enthalten produktive Sande eine geringe Menge vulkanischer Asche (Woodbine Sandstein in Ost-Texas), wodurch die Speichereigenschaften der Gesteine (die Durchlässigkeit der Schicht) gemindert werden.

Bei der Einschätzung von Flächen sind regionale Veränderungen der Gesteinszementierung zu berücksichtigen. Ein Sand kann sich z. B., wenn dolomitischer Zement auftritt, in einen dolomitisierten Sand verwandeln und weiter in sandigen Dolomit. Mit der Zunahme kieseligen Zements kann lockerer Sand allmählich in Quarzitsand und schließlich in sandigen Quarzit übergehen.

Weit verbreitete Speichergesteine für Erdöl und Erdgas sind Karbonatgesteine. Dolomit ist gewöhnlich durchlässiger als Kalkstein. (Kalksteine und Dolomite enthalten die Hälfte aller bekannten Weltvorräte an Erdöl.)

Mit der Entdeckung und Exploitation großer Erdöllagerstätten (in der UdSSR, dem Mittleren Osten, in West-Texas, in West-Kanada), in denen das Öl aus Kalken und Dolomiten gewonnen wird, wächst die Bedeutung karbonatischer Speicher.

Häufig hat die Porosität und Permeabilität der Karbonatgesteine lokalen Charakter und ist entweder mit diagenetischen Prozessen verbunden, die nach der Sedimentbildung abgelaufen sind, oder mit Erscheinungen des Dynamometamorphismus, der die Klüftung des Gesteins hervorruft.

Weit seltener werden Speicher in eruptiven und metamorphen Gesteinen beobachtet, in denen Speichereigenschaften durch Klüfte, Brüche und Kavernen hervorgerufen werden.

Bekannte industrielle Erdöllager sind manchmal an eruptive und metamorphe Gesteine gebunden: an Basalte, pyroklastische Gesteine und Andesit-Gesteinsgänge. Speicher dieses Typs haben jedoch äußerst beschränkte Verbreitung.

Die Kenntnis der Voraussetzungen und Verbreitungsgrenzen der Speichereigenschaften im Gestein hat für die Beurteilung der Perspektiven eines Erdöl-Erdgas-Bezirkes sehr große Bedeutung. Beim Studium des produktiven Profils der Lagerstätte „Untere Omra" (Südost-Hang des Timan) können zum Beispiel eigenartige lithologische Besonderheiten festgestellt werden. Der obere Teil der III. Schicht besteht aus verschieden mächtigen Sandlagen, die auf einzelnen Abschnitten durch Ton-Aleurolith vertreten werden, d. h. linsenartige Verbreitung haben. Im oberen Teil solcher Linsen wurden Gasakkumulationen festgestellt, die unteren enthalten Wasser. Genau solche Gas- und Ölakkumulationen konnten auch in Gesteinen, die entgegengesetzt dem Einfallen auskeilen, und in Sandlinsen anderer Schichten beobachtet werden, die im unteren Teil wasserführend sind. Diese Besonderheiten im Bau der produktiven Schichten einzelner Ölgebiete müssen bei der Einschätzung der Perspektiven berücksichtigt werden.

Analoge bemerkenswerte Beispiele eigenartiger Verteilung der Erdöllager gibt es auch im Ausland. Der „Hundertfuß-Sandstein" z. B. der Erdöl-Erdgas-Provinz in den Appalachen (USA) ist mit Wasser gesättigt. Linsenförmige Einschlüsse grobkörniger Sande und Konglomerate werden in ihm angetroffen, die Gas und Erdöl in solchen Abschnitten enthalten, auf denen antiklinalartige Ausbiegungen der Schicht auftreten. Linsen in konkaven Schichtabschnitten sind dagegen wasserhaltig.

Manchmal ist eine interessante Gesetzmäßigkeit in der Verteilung der Gasführung in Abhängigkeit von der lithologischen Zusammensetzung der Gesteine zu beobachten. Auf der Apscheron-Halbinsel sind im Profil der produktiven Folge von Ost nach West eine Abnahme des Sandgehaltes und eine Verschlechterung der Speichereigenschaften der Gesteine (Zunahme der feinkörnigen Varietäten) sowie eine Erhöhung der Gasführung der Folgen festgestellt worden.

Untersuchungen zeigten, daß bei sonst gleichen Bedingungen eine geringere Permeabilität der Schicht zu einer größeren Gasausscheidung aus dem migrierenden Erdöl führt. In diesem Falle ist die Bildung von Gaskappen in weit höherem Grade möglich als in durchlässigeren Schichten.

Interessante Daten über den Einfluß der lithologischen Zusammensetzung der Gesteine auf die Verteilung der Gas- und Öl-Führung teilt P. W. Kljutschew mit. Er konnte durch das Studium der Verteilung von Erdöl- und Erdgaslagern in der Podkirmakinsker Folge der Lagerstätte von Surachany feststellen, daß in den tonigen Folgen mit der Zunahme sandiger Ablagerungen und der Kornvergröberung in der Tiefe auch die Fläche der Erdölsättigung zunimmt. In den sandigen Folgen nimmt im Gegensatz hierzu die Fläche der Erdölführung in gesetzmäßiger Folge nach unten ab. Er bemerkt, daß die beschriebene, vom lithologischen Charakter der Sedimente abhängige Verteilung der Erdöl- und Gaslager sich auch in tektonisch abgesonderten Feldern des unteren Teils der produktiven Folge erhält.

Es wurde bereits auf die Bedeutung verwiesen, die in einzelnen Gebieten die Berücksichtigung der Isopachenkarte (Emba-Gebiet) bei der Klärung der Perspektiven des Gebietes hat. Im genannten Gebiet kann zwischen dem Ölsättigungsgrad des mittleren Jura und den Mächtigkeiten dieser Ablagerungen eindeutig eine bestimmte Abhängigkeit festgestellt werden. Es zeigt sich, daß die ergiebigsten Lagerstätten, deren Förderung hauptsächlich aus dem mittleren Jura stammt, auf Flächen liegen, die durch die Isopachen 250–350 m eingeschlossen werden.

Das gleiche Bild, d. h. die Verteilung der Zonen mit unterschiedlichem, von der Mächtigkeit der Sedimente abhängigen Erdölsättigungsgrad, wird für die Ablagerungen des Apt und Neokom festgestellt; für den Apt z. B. innerhalb der Isopachen 75–150 m. Im vorliegenden Falle deuten somit die Linien gleicher Mächtigkeiten der Sedimentgesteine, die ein bestimmtes tektonisches Regime des Gebietes auf seinen verschiedenen Entwicklungsetappen zum Ausdruck bringen, die Abschnitte an, in deren Grenzen die günstigsten Bedingungen für die Bildung von Speichern und (wenn Fallen in ihnen vorhanden sind) die Akkumulation von Erdöl vorlagen.

Interessante Gesetzmäßigkeiten in der Veränderung der Mächtigkeit des Mississippi-Kalksteins wurden in Nord-Oklahoma festgestellt: alle wichtigen Lagerstätten weisen hier eine äußerst geringe Mächtigkeit dieses Kalksteins auf. In Kansas ist eine geringe Mächtigkeit des Mississippi-Kalksteins stets mit der Bildung von Antiklinalfalten verbunden, in denen Erdöl- und Erdgaslager liegen. Die Verringerung der Mächtigkeit des Mississippi-Kalksteins in der einen oder anderen Richtung ist somit ein Anhaltspunkt für die Projektierung geologischer Sucharbeiten auf Erdöl und Erdgas.

Es muß jedoch beachtet werden, daß die für das eine oder andere Gebiet oder einen begrenzten Flächenabschnitt dieses Gebietes festgestellten spezifischen Bedingungen nicht mechanisch auf benachbarte Flächen übertragen werden können, ohne die Besonderheiten der geologischen Entwicklung dieser Flächen und die vorhandenen tatsächlichen Angaben zu berücksichtigen.

Interessant sind die paläogeographischen Verhältnisse der Sandsedimentation des mittleren Maikop im westlichen Kubangebiet. Diese Sande wurden von Strömungen abgelagert, die sich offenbar von Osten nach West-Nord-West bewegten und ihren Ursprung auf der Adygejer Erhebung (Vorsprung) hatten. Die ufernahen Fazies, Konglomerate, Sande, Aleurolithe, und Tone streichen an der Oberfläche aus, säumen auch einige Falten (die Asowsche, Sybsu-Glubokij Jar, die Achtyr-Bugundyr-Falte), keilen rasch aus und werden im Norden durch eine Tonfolge vertreten. Die Grenze zwischen der Ton- und Sand-Ton-Fazies ist gewunden, dabei bilden die positiven Biegungen buchtenförmige Ölfallen. Im östlichen Teil des Sandstreifens liegen diese Biegungen einer Monoklinale auf, im Westen (Kalugaer, Nowo-Dmitrijewka u. a. Flächen) sind sie an die Nordflanken der Antiklinalen gebunden und erreichen manchmal die Scheitelzonen. Die Breite des Streifens beträgt etwa 15 km. Lokale flächenhafte Entwicklung der Sande zeugt von einer Ablagerung bei Strömungsverhältnissen.

In Sedimenten unterschiedlichen Alters werden Auskeilungszonen der Speicher beobachtet, mit denen im Kubangebiet die Öl- und Gashöffigkeit in Verbindung gebracht werden kann. Dies muß bei der Einschätzung der Perspektiven dieses erdölführenden Gebietes berücksichtigt werden.

Bei der Beurteilung der Perspektiven einer Erdöl-Erdgas-Führung verschiedener Gebiete sind somit in ihnen die Besonderheiten der Sedimentbildung zu beachten.

Die Analyse der lithologisch-faziellen Besonderheiten der Gesteine eines untersuchten Gebietes muß somit umfassen: den lithologischen Bestand der Gesteine, ihre fazielle Veränderlichkeit, die Zusammensetzung und die Textur der Gesteine, ihre Speichereigenschaften (Porosität, Permeabilität und, wenn Angaben vorliegen, auch die granulometrische Zusammensetzung), die Mächtigkeit und ihre Veränderungen, die geologischen Sedimentationsverhältnisse, die nachfolgenden Erscheinungen des Dynamometamorphismus, diagenetische Vorgänge im Sediment usw. Es ist schließlich zu untersuchen, in welchem Maße die Lagerungsverhältnisse der Speichergesteine Möglichkeiten für die Existenz eines Erdölreservoirs bieten, d. h. ob sie entsprechende Fallen zur Ansammlung des Erdöls und Erdgases bilden.

In diesem Zusammenhang sind die Lagerungsverhältnisse der Speichergesteine auf die mögliche Bildung der verschiedenen Fallen zu untersuchen: Struktur-, stratigraphische, lithologische Fallen; ferner auf die Existenz undurchlässiger Deckschichten, die den porösen und für Öl und Gas durchlässigen Speicher abschirmen und damit die entstandenen Erdöl- und Erdgaslager vor der Zerstörung bewahren.

### 6.14 Anzeichen von Erdöl und Erdgas an der Erdoberfläche

Bei der Einschätzung prognostischer Vorräte muß die Frage nach der möglichen Existenz einer erdöl-erdgasführenden Folge durch Analogieschlüsse zu ähnlichen, bereits abgebohrten Erdöl- oder Erdgaslagerstätten entschieden werden, ferner durch umfassende Berücksichtigung aller Merkmale einer Erdgas-Erdöl-Führung.

Zu ihrer konkreteren Beurteilung werden wir hier hauptsächlich sichere (direkte) Anzeichen einer Erdöl-Erdgas-Führung behandeln und daneben einige indirekte nur kurz erwähnen.

Zu den direkten Anzeichen gehören bekanntlich: Austritte von Öl und Gas an der Erdoberfläche (oder in Bohrkernproben, wenn gebohrt wurde). Sie können im Feld untersucht werden. Dazu gehören ferner in den Gesteinen an der Oberfläche das Auftreten nicht des Erdöls selbst, sondern seiner Umwandlungsprodukte in Form verschiedener bituminöser Bildungen.

Zu den indirekten Äußerungen einer Erdöl-Erdgas-Führung zählen: in geringen Mengen im Gestein dispers verstreutes Erdöl, Gas oder ihrer Produkte – Bitumina. Die letzten können nur mit Hilfe spezieller Verfahren bei geochemischen Laboruntersuchungen bestimmt werden.

Alle diese Daten und Untersuchungsergebnisse werden für die Punkte, wo die Erdgas-Erdöl-Anzeichen festgestellt wurden, in die allgemeine Karte der Verbreitung der Gas- und Öl-Führung eingetragen. Die Einschätzung der erhaltenen Daten erfolgt zusammen mit allen anderen.

Es ist zu beachten, daß Erdöl- und Erdgasanzeichen an der Oberfläche bei der Beurteilung der Perspektiven des betreffenden Gebietes eine wichtige Rolle spielen. Allein, ohne Berücksichtigung aller geologischen Daten, sind sie natürlich nicht ausreichend, um eine Fläche positiv einschätzen zu können. Das gilt besonders für solche Abschnitte, die nicht mit günstigen Strukturverhältnissen in Verbindung stehen. In neuen, unerforschten Bezirken sind solche Anzeichen jedoch stets als Zeugnis eines möglichen Zusammenhanges mit Folgen oder Horizonten zu werten, die in großen Tiefen auf der untersuchten Fläche anstehen. Gleichzeitig ist zu beachten, daß in Bezirken mit flach lagernden Schichten die Erdölaustritte häufig nicht unmittelbar die Strukturen und Fallen andeuten, die auf dem betreffenden Abschnitt in der Tiefe vorhanden sind. In allen Fällen können sie jedoch bei einer komplexen geologischen Untersuchung der Öl- und Gasaustritte eine wesentliche Hilfe bei der Beurteilung der Perspektiven sein. Ölaustritte mit Paraffin-Basis deuten gewöhnlich auf die Anwesenheit von Paraffinöl in der Tiefe hin, Asphaltspuren und Asphaltöl – auf Asphalt-Basis des Öls.

Bei der Einschätzung der Perspektiven einer Fläche muß die Bedeutung der verschiedenen Oberflächenanzeichen einer Erdöl-Erdgas-Führung analysiert werden. Bei der Analyse von Asphaltaustritten an der Oberfläche zum Beispiel müssen deren Lagerungsverhältnisse und Entstehungsbedingungen sowie deren möglicher Zusammenhang mit Erdöllagern in der Tiefe geklärt werden. Nicht selten hinterlassen Austritte paraffin-basischen Öls nach Ablauf einer gewissen Zeit keinerlei Spuren ihrer ehemaligen Existenz. Die Gangkohlenwasserstoffe (Ozokerit) sind im Vergleich mit Ölaustritten weit weniger zuverlässige Anzeichen einer Ölführung.

Gasaustritte sind dann günstige Oberflächenanzeichen, wenn sie aus dem festen Gebirge kommen. Gasaustritte, die schwere Kohlenwasserstoffe enthalten, weisen auf die Möglichkeit der Anwesenheit von Erdöl in der Tiefe hin. Gas, das nur Methan und keine Homologe des Methans enthält, ist das Anzeichen einer möglichen Gasführung.

Es muß noch einmal unterstrichen werden, daß die Untersuchung von Öl- oder Gasaustritten eine wesentliche Hilfe bei der Einschätzung von Flächen ist, besonders dann, wenn ihre Analyse auf die geologischen Verhältnisse dieser Austritte abgestimmt ist und im Komplex mit den oben dargelegten Faktoren erfolgt.

Die vorliegende Arbeit stellt sich nicht die Aufgabe, die ganze Mannigfaltigkeit der Oberflächenanzeichen einer möglichen Erdgas-Erdöl-Führung in der Tiefe erschöpfend darzustellen; sie will lediglich auf das Wesentliche hinweisen.

In einer Reihe von Bezirken werden z. B. Austritte von Kir-Erde[1]), Ozokeritgänge, Schwefelkonzentrationen, verschiedene Abarten pyrobituminöser Gesteine, Anthraxolithe usw. beobachtet. Außerdem sind noch Gas- und Ölanzeichen in den Proben aus einzelnen Bohrungen zu berücksichtigen, falls solche niedergebracht wurden.

---

[1]) Kir, eine aus dem Persischen kommende Bezeichnung für ein Gestein, das sich aus verdicktem Erdöl oder Asphalt und Sand oder Ton gebildet hat. (D. R.) Es ist jedoch zu beachten, daß Kir-Krusten, örtlich auch Kir-Lager, wie sie in den Entspannungsgebieten der Grundwässer beobachtet werden, nicht immer positive Anzeichen sind. Sie können Zeugen der Zerstörung ehemals vorhandener, vielleicht mächtiger Lager durch die Grundwässer sein.

Alle erwähnten Hinweise müssen eingehend untersucht werden, abgestimmt auf die vorliegenden Angaben über die stratigraphischen Horizonte, aus denen die Öl- und Gasanzeichen stammen.

Es ist von Interesse zu erwähnen, daß im Ural-Wolga-Erdölgebiet gediegener Schwefel als Suchkriterium auf Erdöl besondere Bedeutung für die Bestimmung der Erdölperspektiven der einzelnen stratigraphischen Horizonte hat, vor allem für das Perm. Gediegener Schwefel ist, wenn er zusammen mit Bitumina festgestellt wird, gewöhnlich ein günstiges Anzeichen. In den Sterlitamak-Ischimbajer und Buguruslaner Erdölbezirken z. B. werden bedeutende Anhäufungen gediegenen Schwefels von industriellen Erdöllagern begleitet. Geringe mikroskopische Schwefelmengen, die sogar eindeutig mit organischer Substanz verbunden sind, zeugen dagegen gewöhnlich von einer nichtindustriellen Konzentration von Bitumina, aus denen sie stammen.

Das Studium der Verteilung von gediegenem Schwefel über den begrabenen Massiven des Ischimbai zeigt, daß erdölführende Kalksteinmassive, in denen sich eine Gaskappe erhalten hat, keine Schwefelhöfe besitzen und umgekehrt, erdölführende Massive, die keine Gaskappe besitzen, einen vertikalen schwefelhaltigen Hof besitzen. Im Ischimbajer Bezirk z. B. werden die bedeutendsten Schwefelanreicherungen in den Kungur-Ablagerungen beobachtet, die etwa über dem Kern des östlichen Massivs liegen, das aus Riffgesteinen der Artinsk- und Sakmara-Stufe besteht. Dieses Massiv enthält industrielle Erdöllager, die gasführende Zone im oberen Teil fehlt jedoch. Umgekehrt, im Termen-Elginer- und im West-Massiv des Ischimbai hat das überdeckte Kalksteinmassiv im oberen Teil eine Gaszone, und Schwefel fehlt in den überlagernden Gesteinen des Kungur (und anderen). In diesem Bezirk wird Schwefelbildung in den überlagernden Sedimenten somit dann beobachtet, wenn eine Verbindung zwischen den Erdöllagern der unteren Ablagerungen mit den darüberliegenden besteht. Wenn eine feste, ungestörte Decke vorhanden ist, werden in den höherliegenden Sedimenten keine Schwefelausscheidungen beobachtet, obwohl in der Tiefe industrielle Öllager vorhanden sein können.

Bekannt sind bedeutende Schwefelkonzentrationen in Kalksteinen, die – wie in Usbekistan (Schorsu) und anderen erdölführenden Gebieten – Erdöllager enthaltende Gesteine überdecken.

Die Ausscheidung von gediegenem Schwefel in sedimentären Bildungen verdient somit, besonders wenn sie von Bitumina begleitet wird, entsprechende Untersuchung und Beachtung bei der Einschätzung der Perspektiven einer erdöl-erdgasführenden Fläche.

### 6.15 Geochemie

Die geochemischen Kriterien einer möglichen Erdgas-Erdöl-Führung sind noch ungenügend ausgearbeitet.

In den Gesteinen werden jedoch häufig disperse Bitumina und seltener disperses Erdöl selbst beobachtet. Das eingehende Studium der Gesetzmäßigkeiten ihrer Verteilung und des geochemischen Milieus ihres Auftretens könnte eine wertvolle Hilfe für die Einschätzung der Aussichten einer Erdöl-Erdgas-Führung sein.

A. D. Archangelskij legte der vergleichenden Charakteristik erdgas-erdölführender Gesteine den Gehalt an Kohlenstoff organischer Verbindungen zugrunde. Andere Forscher griffen bei der Einschätzung dieser Gesteine zur Bestimmung des Gehalts an Bitumina durch deren Extraktion mit Hilfe organischer Löser oder der Lumineszenzanalyse. Die Mehrzahl der Forscher ist der Meinung, daß ein genetischer Zusammhang zwischen dem Erdöl und den in den Gesteinen dispers verteilten Bitumina und Pyrobitumina besteht. Doch bisher war es noch nicht möglich, irgendwelche eindeutigen Kriterien zur Aussonderung erdgas-erdölführender Gesteine nach diesen Anzeichen mit Gewißheit zu bestimmen. Die Frage wird noch dadurch kompliziert, daß der Metamorphisierungsgrad großen Einfluß auf die Verteilung von Erdgas- und Erdöllagern ausübt.

D. White hat darauf hingewiesen, daß der Metamorphisierungsgrad am Gehalt nichtflüchtiger Kohlenstoffe bestimmt werden kann. Wenn die erdölführende Folge Kohlen und Kohlenschiefer enthält oder mit diesen in einem Verband liegt, kann der Metamorphisierungsgrad der Folge nach der Zusammensetzung der Kohle beurteilt und hieraus die Bedingungen erkannt werden, von denen die Anwesenheit von Gas und Öl in den Gesteinen abhängt. Es ist hierbei nur zu beachten, daß für solche Schlüsse die öl- und kohlenführenden Folgen nicht verschiedenen Dislokationsphasen angehören, nicht durch Diskordanzen getrennt sind und die Annahme begründet ist, daß diese Folgen sich nicht nach dem Grad der bei Orogenese und Diagenese auftretenden Metamorphose unterscheiden.

D. White bedient sich bei der Berechnung des Metamorphisierungsgrades des sogenannten Kohlenstoffkoeffizienten (Verhältnis von nichtflüchtigem Kohlenstoff zur gesamten organischen Masse der Kohle). Durch Analyse von Isovolvenkarten (Isolinien gleicher Kohlenstoffkoeffizienten) gibt FULLER für die USA folgende Charakteristik der Erdgas-Erdöl-Führung nach dem Kohlenstoffkoeffizienten:

Liegt der Koeffizient über 0,7 – fehlen Erdöl und Erdgas. Liegt der Kohlenstoffkoeffizient zwischen 0,70 und 0,65, kann nur damit gerechnet werden, kleine Gaslinsen anzutreffen.

Bei einem Koeffizienten zwischen 0,65 und 0,60 kann erwartet werden, daß seltene kleine Öllager angetroffen werden.

Ein Koeffizient von 0,60 bis 0,55 entspricht den Hauptlagerstätten mittelschwerer Öle in Ohio, Indiana und im Midkontinent.

Ein Koeffizient unter 0,5 entspricht den Lagerstätten schwerer Öle, wie sie in der Küstenebene auftreten.

Ungeachtet der vielen kritischen Bemerkungen zur Theorie des Kohlenstoffkoeffizienten ist seine Kenntnis nützlich bei der Einschätzung der Perspektiven einer Erdöl-Erdgas-Führung großer Bezirke. Es ist z. B. bekannt, daß Entwicklungsräume der Anthrazitkohlen gewöhnlich keine Erdöl- und Gaslagerstätten aufweisen. Die Entwicklungsräume nichtanthrazitischer Kohlen können selbst bei relativ hohem Gehalt an nichtflüchtigem Kohlenstoff wahrscheinlich als höffig hinsichtlich einer Gas- und Erdöl-Führung angesehen werden.

In der Sowjetunion hat diese Methode vorläufig noch keine große Verbreitung gefunden. W. W. WEBER zeigt in seiner Arbeit, daß in der zentralen Zone des Donbass, die nicht ölhöffig ist, der Kohlenstoffkoeffizient 0,64 überschreitet, im Verbreitungsgebiet der Anthrazite beträgt er 0,92. In den nördlichen und nordwestlichen Randgebieten des großen Donbass, die öl- und gashöffig sind, schwankt der Kohlenstoffkoeffizient zwischen 0,5 und 0,6.

In der nördlichen Hälfte von Sachalin bewegen sich die mittleren Werte für den Kohlenstoffkoeffizienten zwischen 0,58 und 0,65. In der Senke von Minussinsk – zwischen 0,56 und 0,65. Im Nordwik-Chatangaer Bezirk zwischen 0,53 und 0,60. Alle diese Bezirke sind in dem einen oder anderen Maße ölführend. Es gibt Gründe, den Kohlenstoffkoeffizienten für die öl- und gasführenden Bezirke Sibiriens zwischen 0,55 und 0,65 anzunehmen. Für das Territorium der Werchojansker Randsenke sowie der Lena-Chatangaer Senke schwankt sein Wert zwischen 0,50 und 0,65 und selbst etwas darüber. In Richtung zum Inneren der Tafel sinkt der Kohlenstoffkoeffizient, so beträgt er am Fluß Tjung im Durchschnitt 0,414, nördlich von Olekminsk – 0,466, und nordwestlich davon sinkt er bis auf 0,33.

Die angeführten Daten zeigen, daß man nach dem Kohlenstoffkoeffizienten schon jetzt einige vorläufige Schlußfolgerungen über die Perspektiven der Gasführung des Faltengebietes im Nordosten der UdSSR ziehen könnte. Das Studium des Kohlenstoffkoeffizienten ist auf jeden Fall für die Einschätzung der Öl- und Gas-Führung eines Gebiets äußerst nützlich.

Wenn nach der geochemischen Karte die Einschätzung der Perspektiven einer Fläche vorgenommen wird, sollten auch vorliegende Angaben des Studiums dispersen Öls und Bitumen mittels der Lumineszenzmethode berücksichtigt werden. Diese Methode ermöglicht es bekanntlich, die Anwesenheit von Bitumina und deren Eigenschaften selbst bei äußerst niedrigen Prozentgehalten im Gestein nachzuweisen.

Gesteine, die schwach (unter $1\%$) mit dispersen Bitumina gleichmäßig gesättigt sind, lumineszieren nicht ohne Lösungsmittel. Die Verwendung von Chloroform, das die Kohlenwasserstoffe der Erdölreihe löst, ermöglicht es jedoch, die Anwesenheit kleinster Bitumengehalte festzustellen. In Chloroform gelöste Bitumina werden mit ultraviolettem Licht durch eine noch zu beobachtende Lumineszenz selbst bei einem Gehalt von $1 \cdot 10^{-8}$ bis $1 \cdot 10^{-9}$ gr/cm$^3$ entdeckt.

Erdöl und dispers verstreute Bitumina lassen sich mit der Lumineszenz-Methode leicht von Humusbildungen unterscheiden. Die in die geochemische Karte eingetragenen Angaben der Lumineszenzanalyse helfen – zusammen mit den anderen Daten – bei der Einschätzung der Ölführung einer Fläche. In die gleiche geochemische Karte sollten auch die Ergebnisse der Gasaufnahme eingetragen werden, falls eine solche durchgeführt worden ist, ferner Angaben über das Redox-Potential, die mikrobiologische Oxydation der Kohlenwasserstoffe, geobotanische Angaben usw.

Einige Lumineszenzanalysen-Ergebnisse der Gesteine des unteren Kambriums liegen für den südlichen Teil Ostsibiriens vor. Hier konnte mit ihrer Hilfe ein bedeutender Gehalt an leichten Bitumina (bis zu zehntel Prozent) in den karbonatischen Ablagerungen des oberen Teils des unteren Kambriums festgestellt werden. Mengenmäßig sind die Bitumina gleichmäßig über das Profil verteilt und können auf einem großen Territorium verfolgt werden. Dies spricht dafür, daß die Bitumenführung syngenetisch zu deuten ist und die regional gleichmäßigen Bildungsbedingungen für Kohlenwasserstoffe nicht als günstiges Anzeichen für die Bildung lokaler industrieller Erdöl- und Erdgasakkumulationen in diesen Ablagerungen gelten können.

Noch immer ist die Frage unbeantwortet, wie groß der Grenzwert von Bitumenkonzentrationen ist, unter dem diese nur gebunden auftreten, nicht migrieren und daher keine Ölakkumulationen bilden können. S. F. MECHTIJEW und M. W. ABRAMOWITSCH vermuten, daß die Grenzkonzentration der Bitumina im Gestein, die eine Ölakkumulation noch möglich macht, etwa 0,1 Gewichtsprozent ausmacht. Unter dieser Ziffer sind die Bitumina nicht migrationsfähig, können sie als dispers, mit dem Gestein verbundene Bitumina betrachtet werden. Ein höherer Bitumengehalt deutet auf ihre mögliche Migration und Bildung von Ölakkumulationen hin. N. F. BALUCHOWSKIJ nimmt an, daß in den Schichten ein mittlerer Gehalt von 0,2% Bitumina den Konzentrationsgrad charakterisiert, bei dem eine Migration der Bitumina in Speicher möglich ist. Die Frage nach dem Bitumengehalt, bei dem das eine oder andere Gestein als industriell-ölführend, d. h. Erdöllager enthaltend, gelten kann, ist somit noch völlig ungenügend erforscht, im Gelände ebenso wie im Laboratorium.

Eine orientierungsmäßige Gegenüberstellung der Bitumengehalte im Gestein (gewöhnlich in Gewichtsprozenten des Gesteins angegeben) und des Erdöls (gewöhnlich in Volumenprozenten des Porenraumes) gibt folgende angenäherte Ziffern (genauer können sie nicht bestimmt werden, da keine Daten über das Raumgewicht des Gesteins, der Porenvolumen und des spezifischen Gewichts des Erdöls vorliegen). Nach M. W. ABRAMOWITSCH entspricht einer Gesteinsporosität von 18% und einem minimalen Ölsättigungskoeffizienten von 0,6 ein Erdölgehalt von etwa 4% des Gewichts, was nach Auffassung des Autors der geringsten Ölkonzentration in industriellen Ansammlungen entspricht. S. G. NADIROW u. a. führten Untersuchungen in Kobystan durch. Sie verweisen darauf, daß bei einem Ölgehalt von 0,5% die Sande des Tschokrak-Horizontes erdölführend aussehen. Bei einem Ölgehalt von 1,7% sind sie für eine Gewinnung im Tagebau geeignet, und bei einem Ölgehalt von 3,4% im Gestein ist der Untertageabbau (Schachtgewinnung) vorteilhaft.

S. F. MECHTIJEW stellt bei Felduntersuchungen Erdölgeruch schon bei einem Bitumengehalt von nur 0,16 Gewichtsprozent fest. Die Gesteine wurden von ihm als bituminös bei einem Bitumengehalt von 0,23 Gewichtsprozenten bezeichnet, bei 0,58% wurden sie als ölhaltig angesprochen. Bei der elektrischen Bohrlochmessung wurden nicht selten Gesteine mit einem Ölgehalt von 1% als ölhaltig ausgewiesen.

Es ist offensichtlich, daß die untere Grenze für den Bitumengehalt im Gestein, durch die das mögliche Vorkommen von Erdöllagern im betreffenden Verbreitungsraum der bituminösen Gesteine bestimmt wird, von einer Reihe geologischer, physikalischer und geochemischer Umstände abhängt; diese bestimmen die Verhältnisse, unter denen Bitumina auftreten und sich Öllager bilden.

Die Erforschung der Verteilung der Bitumina in den Sedimentgesteinen Aserbaidshans ergab, daß in ihnen dispers verstreute Bitumina weit verbreitet sind. Diese Bitumina können teils authigen, teils allothigen zusammen mit dem mineralischen Material ins Sedimentationsbecken gebracht worden sein. Um diese beiden Gruppen unterscheiden und die authigene Bitumina enthaltenden Gesteine ausscheiden zu können, muß die Zusammensetzung der Bitumina und ihrer Wirtsgesteine untersucht werden.

Gegenwärtig lassen sich keine deutlichen Abgrenzungen zwischen den von den Gesteinen aufgenommenen und freien Bitumina ziehen, ebenso nicht zwischen den erdölführenden (und damit auch bituminösen) Gesteinen und den nur bituminösen.

Bei der Untersuchung produktiver Folgen deuten sich jedoch eine Umlagerung der Bitumina und die Bildung von Ölansammlungen in Schichten an, die nicht weniger als ungefähr 0,1% Bitumen enthielten, obgleich in einer Reihe von Fällen diese Ziffer bis auf 0,06% sinkt. Im Grosnyer Erdölbezirk hat die äußerste Isolinie (des Gehalts an dispersem Bitumen im Gestein), die zugleich die produktiven Schichten im Bereich der Sunshensker und Tersker Antiklinorien umgrenzt, einen Wert von 0,02%. In Richtung zum Zentrum der produktiven Fläche nimmt dieser Wert für den prozentualen Bitumengehalt zu. Als äußerste Richtwerte für den Gehalt an dispersen Bitumina im Gestein können somit für die Aussonderung höffiger Flächen Werte von 0,02% und höher bedingt angenommen werden, bis diese Frage in einer Reihe von Bezirken untersucht worden ist.

## 6.16 Hydrochemie und Hydrogeologie

Indikatoren für eine Gas-Öl-Führung sind der Salzbestand der Wässer und einzelne Komponenten – Salze und Ionen und gelöste Gase. Die Berücksichtigung der hydrochemischen Indikatoren ist für die Einschätzung der möglichen Erdöl- und Erdgas-Führung einer Fläche unerläßlich.

Zu den hydrochemischen Indikatoren gehören die im Wasser gelösten organischen Substanzen, Jod, Ammonium.

Die in den natürlichen Wässern gelösten organischen Stoffe sind durch die Salze der organischen Säuren (Seifen) vertreten, hauptsächlich durch Naphthen-Säuren, sowie Phenole u. a. Ihre Bedeutung als Indikationen für Erdöl ergibt sich daraus, daß die Ursache für ihre Anwesenheit im Wasser hauptsächlich das Erdöl ist. Jod in den Wässern ist ein wichtiger und seit langem bekannter Hinweis auf Erdölführung. Der Jodgehalt in den Wässern erdölführender Sedimente ist im Vergleich zur Konzentration im Süßwasser $10^4 - 10^7$ mal höher und übersteigt meist 1–5 mg/l. Im allgemeinen kann ein Jodgehalt von über 5 mg/l im Wasser als positives Anzeichen für eine Ölführung betrachtet werden.

Das in den Wässern ölhaltiger Ablagerungen angetroffene Ammonium stammt im wesentlichen vom Erdöl ab oder ist von gleicher Herkunft wie dieses. Das Ammonium gelangt infolge Zersetzung und nachfolgender Auflösung stickstoffhaltiger Substanzen des Öls ins Wasser. Ein hoher Ammoniumgehalt in den Wässern ist gewöhnlich das Anzeichen einer Ölführung. So ist zum Beispiel ein Ammoniumgehalt von 100 mg/l in den tieflagernden metamorphisierten devonischen Salzlösungen der Russischen Tafel ein Hinweis auf die Ölführung des betreffenden Abschnittes. In anderen Fällen kann als positives Anzeichen für die Ölführung dieser Wert auch niedriger liegen.

Zu den indirekten hydrochemischen Indikatoren einer Erdgas-Erdöl-Führung gehören jene im Wasser gelösten Salze und Ionen (ebenso bestimmte Kombinationen der Salze und Ionen), die mit Erdöl oder mit für die Existenz von Öllagern günstigen Verhältnissen verbunden sind. Diese Indikatoren einer Erdölführung sind äußerst mannigfaltiger Art.

Zur ersten Gruppe der indirekten hydrochemischen Indikatoren einer Ölführung gehören die Produkte und Resultate der zwischen dem Erdöl und den im Wasser gelösten Salzen ablaufenden chemischen Reaktionen. Hierzu gehören die Hydrosulfide und andere Produkte der Sulfidreduktion, als deren Ergebnis sulfatfreie Wässer entstehen. Es ist allerdings zu beachten, daß diese Produkte auch selbständiger Herkunft, unabhängig von den mit dem Erdöl verbundenen Prozessen, sein können.

Zur zweiten Gruppe der indirekten hydrochemischen Indikatoren gehören Stoffe, die gewöhnlich Erdöllager begleiten, wie zum Beispiel Chlorkalzium, Brom. Diese Stoffe weisen auf günstige Bedingungen von Erdöllagern hin.

Bei der Benutzung von Angaben über reduzierte Schwefelformen (Hydrosulfide u. a.) als indirekte Anzeichen für eine Ölführung ist zu beachten, daß ihre Anwesenheit in den Schichtwässern auf Reaktionen zwischen Kohlenwasserstoffen und im Wasser gelösten Sulfaten bei Mitwirkung von Bakterien zurückzuführen ist. Es werden jedoch auch hydrosulfidische und schwefelwasserstoffhaltige Wässer beobachtet, die nicht mit Erdöl, sondern mit magmatischen Prozessen in Verbindung stehen. Solche Erscheinungen sind gewöhnlich an Bruchzonen in metamorphen und magmatischen Gesteinen gebunden. Sie werden beobachtet, wenn hohe Temperaturen, unbedeutende Mineralisation, Vorherrschen der Kieselsäure und das Auftreten schwerer Metalle vorliegen, wodurch sich diese Wässer von solchen mit Erdöllagern in Verbindung stehenden unterscheiden.

Wenn die Anwesenheit von Hydrosulfiden und anderen reduzierten Formen des Schwefels als positive Anzeichen einer Erdölführung bewertet werden (ausgenommen die Äußerungen magmatischer Prozesse und die Zonen oberflächennaher biochemischer Prozesse), ist zu beachten, daß außerordentlich hoher Gehalt an reduziertem Schwefel im Wasser (über 200 mg/l) ein Hinweis auf die Zerstörung ehemalig vorhandener Öllager ist.

Es ist schließlich zu beachten, daß das Fehlen von Hydrosulfiden und ähnlicher Schwefelverbindungen in den Wässern kein Hinweis dafür ist, daß Erdöl und Gas nicht vorhanden sind, da sie in Wässern mit einem pH-Wert von $< 6$ nicht existieren können, solche Wässer aber in Erdöllagerstätten nicht selten vorkommen. Außerdem verlaufen die Prozesse der Sulfatreduktion nicht in jeder Lagerstätte so spürbar, daß im Wasser reduzierter Schwefel auftritt.

Sulfatfreie Wässer können ebenfalls ein positives Anzeichen für eine Erdölführung sein. Sulfatfreie Wässer sind jedoch keine eindeutigen Indikatoren einer Erdgas-Erdöl-Führung, da sie auch durch andere Ursachen, nicht durch den Einfluß des Erdöls auf den Reduktionsprozeß der Sulfate, entstanden sein können (zum Beispiel durch den Ausfall der Sulfate aus Lösungen u. a.). Interessant ist in diesem Zusammenhang das Auftreten sulfatfreier Wässer (Oberflächen- und Grundwässer) z. B. in Zentral-Jakutien, die nicht mit Erdöllagern in Verbindung stehen.

Bei der Einschätzung der Perspektiven der Gas-Öl-Führung nach den genannten Merkmalen sind folglich die Verhältnisse zu berücksichtigen, unter denen die sulfatfreien Wässer auftreten, der Charakter der Gesteine (da bei bedeutenden Gips- und Anhydritmassen der Sulfatgehalt der Wässer, ungeachtet der reduzierenden Wirkung der Kohlenwasserstoffe, sich teilweise erhalten kann), die Bedingungen der Tätigkeit von Bakterien (bei Temperaturen über 70°C wurde im Gebiet von Grosny keine

Tätigkeit von Bakterien beobachtet, die Wässer waren sogar am Wasser-Öl-Kontakt sulfatisch) usw.

Hieraus folgt, daß bei der Untersuchung der unterirdischen Wässer einzelner stratigraphischer Horizonte die in der Tiefe herrschenden Temperaturen beachtet werden müssen, bei denen die Prozesse der Sulfatreduktion ablaufen.

Günstige Anzeichen für industrielle Erdöllager sind nicht nur Prozesse, die zum Verschwinden der Sulfate aus dem Erdölwasser führen, sondern auch Prozesse, die zur gesetzmäßigen Abnahme der Sulfate in den Sedimentgesteinen bei Annäherung zum Öllager führen und gleichzeitig zu einer schroffen Zunahme der Alkalität der Schichtwässer.

Alkalische Wässer vom Hydrokarbonat-Natrium-Typ sind für viele Erdöllagerstätten charakteristisch. Wahrscheinlich bildete sich die Hauptmasse des in den Wässern der erdölführenden Ablagerungen enthaltenen Sodas bei Einwirkung der Ölsubstanz auf diese Wässer. Das Auftreten von Soda in natürlichen Wässern braucht jedoch nicht mit Erdöl in Verbindung zu stehen, da ein solcher Wassertyp für natriumreiche magmatische, metamorphe und einige sedimentäre Gesteine (Arkosesandsteine) kennzeichnend ist. Es müssen die alkalischen Wässer der Verwitterungszone, die meist süß sind und im Salzbestand vorwiegend Kalzium-Hydrokarbonat führen, von den alkalischen Wässern erdölführender Folgen unterschieden werden, die salzig sind und in deren Salzbestand gewöhnlich Natriumchlorid vorherrscht.

Alkalische Natrium-Hydrokarbonat-Wässer können somit als Anzeichen einer Gas-Öl-Führung betrachtet werden, wenn diese Wässer nicht der Verwitterungsrinde, Salzböden oder vulkanischen Gebieten zugehören.

Indirektes Anzeichen einer möglichen Gas-Öl-Führung ist auch der Chloridkalzium-Wassertyp. Die Existenz dieses Wassertyps deutet eigentlich nicht auf die Anwesenheit von Erdöl selbst hin, sondern auf günstige Bedingungen für die Erhaltung von Erdöllagern. Die Existenz solcher Bedingungen zeugt jedoch noch nicht davon, daß unbedingt Erdöl- und Erdgaslager existieren, dazu bedarf es noch anderer zusätzlicher Faktoren (Fallen, entsprechende erdölbildende Prozesse usw.).

Das Auftreten von Chlorkalzium, insbesondere in hochmineralisierten Wässern, deutet auf eine Entstehung aus Standwässern hin und auf günstige Bedingungen für die Erhaltung der Erdöl- und Gaslager.

Brom spielt als Anzeichen für eine mögliche Ölführung eine dem Chlorkalzium analoge Rolle. Eine bedeutende Brommenge weist auf eine starke Metamorphose des Salzbestandes des Wassers hin, wie sie für Gesteine kennzeichnend ist, die industrielles Erdöl enthalten. Es ist jedoch zu beachten, daß eine hohe Bromkonzentration auch in einigen Salzseen beobachtet wird, in diesen Fällen also an der Oberfläche gebildet wurde.

Und schließlich ist bei der Einschätzung der Perspektiven einer Gas-Öl-Führung der allgemeine Charakter des Salzbestandes der Wässer und die Kombination der im Wasser gelösten Salze zu beachten.

A. A. Karzew und andere, die sich der genetischen Klassifikation natürlicher Wässer von W. A. Sulin bedienen (Tabelle 26), weisen darauf hin, daß Wässer vom kalziumchloritischen und natriumhydrokarbonatischen Typ für erdölführende Ablagerungen charakteristisch sind. Der erste Typ deutet auf hydrogeologische Verhältnisse von der Art des Standwassers hin, die für die Existenz von Erdöl- und Erdgaslagern günstig sind; der zweite Typ der unterirdischen Wässer kann unmittelbar auf eine Ölführung nur bei relativ starker Mineralisierung der Wässer hinweisen.

Tabelle 26

| Wassertyp | $\frac{r\,Na}{r\,Cl}$ | $\frac{r\,Na - r\,Cl}{r\,SO_4}$ | $\frac{r\,Cl - r\,Na}{r\,Mg}$ |
|---|---|---|---|
| Kalziumchloritisch | $< 1$ | $< 0$ | $> 1$ |
| Magnesiachloritisch | $< 1$ | $< 0$ | $> 1$ |
| Natriumhydrokarbonatisch | $> 1$ | $> 1$ | $< 0$ |
| Natriumsulfatisch | $> 1$ | $< 1$ | $< 0$ |

Magnesiachloritische Wässer sind im allgemeinen kein Indikator einer Ölführung, gleichzeitig ist dieser Wassertyp auch kein Anzeichen für die Abwesenheit von Erdöl. Der Natriumsulfattyp ist kennzeichnend für offene hydrogeologische Zonen. Bei der Einschätzung der Öl-Gas-Führung ist das Auftreten dieses Typs ein negatives Anzeichen.

Für die Beurteilung der Perspektiven einer Gasführung nach hydrochemischen Indikatoren ist es wichtig, den betreffenden Wassertyp dem entsprechenden stratigraphischen Horizont zuzuordnen.

Bei der prognostischen Einschätzung der Perspektiven einer Erdgas-Erdöl-Führung nach hydrochemischen Anzeichen müssen alle oben angeführten Faktoren komplex berücksichtigt werden. Nur das gleichzeitige

Auftreten von Chlorkalzium und einer größeren Menge Jod oder das Auftreten von Naphthenen im Wasser der Chloridgruppe gestattet es, die mögliche Existenz von Öllagern in der Tiefe mit größerer Sicherheit anzunehmen.

In Tabelle 27 ist das Schema der komplexen Einschätzung der wichtigsten hydrochemischen Anzeichen einer Erdölführung wiedergegeben:

Tabelle 27

| Seifen, Jod, Hydrosulfide usw. | Kalziumchlorid, Brom, Chloridgruppe usw. | Schlußfolgerungen |
|---|---|---|
| vorhanden | vorhanden | Erdöl ist vorhanden, industrielle Lager sind wahrscheinlich. |
| vorhanden | fehlen | Erdöl ist vorhanden, industrielle Lager sind wenig wahrscheinlich. |
| fehlen | vorhanden | Günstige Bedingungen für die Existenz industrieller Öl- und Gaslager, ihre Existenz ist jedoch unklar. |
| fehlen | fehlen | Erdölführung unbekannt; Perspektiven ungünstig. |

Untersuchungen von G. M. Sucharew zeigen, daß in einzelnen Fällen nicht nur Prognosen einer möglichen Ölführung und der industriellen Bedeutung des Lagers gemacht werden können, sondern auch das mögliche Regime des Lagers genannt werden kann. Er gibt für den Bezirk Grosny an, daß in Zonen mit hochmineralisierten und metamorphisierten Wässern (in Zonen des erschwerten Wasseraustausches) in der Hauptsache mit einem Regime des gelösten Gases oder einem elastischen Wasserregime zu rechnen ist. In halbbeweglichen Zonen bei mittlerer Mineralisation und Metamorphose kann ein nichteffektives Wasserdruckregime erwartet werden. Schließlich ist bei relativ geringer Mineralisation und Metamorphose der Wässer ein effektives Wasserdruckregime am wahrscheinlichsten.

Nach den Daten der Wasseranalyse werden verschiedene hydrochemische Karten zusammengestellt, die die Grundlage für die Beurteilung der Erdöl-Erdgas-Höffigkeit des Gebietes nach hydrochemischen Anzeichen sind. Es werden entweder hydrochemische Schichtkarten konstruiert, auf denen (nach stratigraphischen Horizonten) die Verbreitungsgrenzen der verschiedensten Wassertypen eingetragen werden oder Isokonenkarten (Isolinien, die Punkte gleicher Mineralisationsgehalte verbinden), Isochlorenkarten (gleicher Chlorgehalte) usw. Es werden ferner hydrochemische Profile konstruiert, in denen für die einzelnen stratigraphischen Horizonte der entsprechende Wassertyp dargestellt wird, sowie Diagramme, welche die Änderung der Komponentengehalte mit der Tiefe zeigen usw.

Es ist jedoch nochmals zu unterstreichen, daß bei der Einschätzung der Perspektiven einer Erdgas-Erdöl-Führung nach den Daten einer hydrochemischen Karte beachtet werden muß, daß jeder Wassertyp, an und für sich genommen, kein Indikator einer Erdgas-Erdöl-Führung sein kann, obwohl er berücksichtigt werden muß. Eine hohe Mineralisierung des Wassers z. B. kann ohne Berücksichtigung seines Ionenbestandes kein günstiges Anzeichen einer Gas-Öl-Führung sein, da sie auch durch solche Erscheinungen wie Konzentration an der Oberfläche oder Auslaugung salzhaltiger und gipshaltiger Sedimente hervorgerufen sein kann, obwohl in solchen Fällen neben Chloriden im Wasser meist Sulfate enthalten sind, was keine Eigenart der Wässer von Erdöllagerstätten ist. In allen genannten Fällen müssen die physiko-geographischen (Klima, Niederschlagsmengen, Verdunstung usw.) und geologischen Faktoren (darunter auch geomorphologische, tektonische und lithologisch-fazielle usw.) berücksichtigt werden.

Außerordentlich wichtig für die Beurteilung der Perspektiven einer Gas-Öl-Führung ist es, die Zusammensetzung der im Wasser gelösten Gase heranzuziehen.

Indikatoren für eine Gas-Öl-Führung sind im Wasser gelöstes Methan, Äthan, Propan, Butan und Dämpfe der höheren Kohlenwasserstoffe. Methan kann in einer Reihe von Fällen nicht direktes Anzeichen für eine Ölführung sein, da es auch bei rezenten Zersetzungsprozessen organischer Stoffe entsteht oder mit Lagern anderer nutzbarer Rohstoffe in Verbindung stehen kann, z. B. mit Kohle, Bitumenschiefer usw. Die schweren Kohlenwasserstoffe Äthan, Propan u. a. sind gewöhnlich Tiefengase und deuten auf die mögliche Existenz von Erdöl- oder Erdgaslagern in der Tiefe hin. Schwefelwasserstoff, der durch Desulfierung der Wässer bei Anwesenheit von Kohlenwasserstoffen entsteht, ist ein indirektes Anzeichen dafür, daß in der Tiefe Bedingungen herrschen, die einer Akkumulation von Kohlenwasserstoffen günstig sind.

Ein hoher Gehalt an Stickstoff biochemischer Herkunft zeigt die Abdichtung tieferer Horizonte an. Kohlensäure und insbesondere Sauerstoff weisen auf Bedingungen im Erdinnern hin, die Oxydationsprozessen günstig sind.

Treten in den Wässern Stickstoff- und Ammoniak-Oxydule auf, so zeugt das gewöhnlich von einer Verschmutzung der Wässer mit organischen Stoffen, häufig Folge menschlicher Tätigkeit. Bei der Einschätzung der Gas-Öl-Führung nach im Wasser gelösten Gasen ist nicht nur deren Qualität, sondern auch die Quantität zu beachten, die für einzelne untersuchte Gebiete festgestellt werden können. Die Untersuchungsergebnisse für die im Wasser gelösten Gase sind zusammen mit den Angaben der hydrochemischen Karte auszuwerten. Dazu werden die Daten über den Komponentenbestand des Gases mit Hilfe entsprechender Symbole in die hydrochemische Karte eingetragen.

In Übereinstimmung mit den Angaben der Karte können folgende Zonen ausgeschieden werden: Stickstoff-Sauerstoff-Zone, Kohlensäure-Stickstoff-Zone, Kohlensäure-Stickstoff-, Methan-, Methan-Stickstoff-Zone usw. Die Ausbildungszonen von gelösten Stickstoff-Sauerstoff- und Stickstoff-Kohlensäure-Gasen sowie mit Vorbehalt Stickstoff-Methan- und Methan-Stickstoff-Gasen, wenn diese mit rezenter Gasbildung in Sümpfen und Torfmooren verbunden sind, gehören zu den Oberflächenwässern (Aerationszone).

Die Stickstoff- und Stickstoff-Methan-Gaszonen, die mit dem Eindringen atmosphärischer Luft in die Erde zusammenhängen, gehören zu den Übergangswässern (Verwitterungszone). Gehalte an Methan und schweren Kohlenwasserstoffen charakterisieren Tiefenwässer, die mit einem Erdgas-Erdöl-Lager oder bituminösen Gesteinen in Verbindung stehen. In einzelnen Fällen enthalten Tiefenwässer biochemischen Stickstoff und Kohlensäure des Metamorphoseprozesses. Auf der Karte, die die Gassättigung der Wässer zeigt, sollten Zonen mit erhöhter Kohlenwasserstoffkonzentration (Gasanomalien) und Zonen mit niedrigen Konzentrationen, die den Gashintergrund für die Wässer der betreffenden Fläche bilden, ausgeschieden werden. Es muß beachtet werden, daß innerhalb der ausgeschiedenen Gasanomalien die natürlichen Wässer ungleichmäßig mit Gasen gesättigt sind, ganz besonders die Grundwässer. Das kann mit der ungleichmäßigen Migration der Gase und der Gase enthaltenden Wässer aus der Tiefe erklärt werden. Ihre Maximalmengen werden daher in Zonen des geringsten Widerstandes angetroffen – an Klüften, tektonischen Störungszonen usw. In diesem Zusammenhang treten innerhalb der Anomalien häufig einzelne Punkte auf, in denen das Wasser keine gelösten Kohlenwasserstoffgase enthält. Es ist nützlich, die Angaben über Methan und schwere Kohlenwasserstoffe gesondert darzustellen.

Bei der Einschätzung der Perspektiven einer Erdgas-Erdöl-Führung nach den im Wasser gelösten Gasen empfiehlt es sich, die Angaben über Gasanomalien zusammen mit den hydrochemischen Daten sowie den Angaben über den geologischen Bau der Fläche den Besonderheiten des Reliefs, den Erscheinungen rezenter biochemischer Prozesse usw. zu betrachten. Als aussichtsreichste Abschnitte sind jene zu werten, bei denen Zonen mit Kohlenwasserstoffanomalien (insbesondere schwerer Kohlenwasserstoff) mit Zonen günstigen geologischen Baus zusammenfallen.

Dabei ist die Möglichkeit einer Verschiebung der Anomalie infolge Bewegung der Grundwässer zu berücksichtigen, da Richtung und Geschwindigkeit des Wasserflusses von wesentlicher Bedeutung sind und die wahre Lage der Anomalie verschleiern können. Ferner sind unbedingt jahreszeitliche Einflüsse zu beachten, da in Regenzeiten die Grundwässer durch frisches Wasser verdünnt werden und die Gaskonzentration abnimmt.

Die Untersuchung der Gasfaktoren[1]) der Grundwässer für das Gebiet der Russischen Tafel und der westsibirischen Tiefebene ergab, daß die Analyse der Zusammensetzung und der Spannung der in den Wässern gelösten Gase eine vergleichende Einschätzung der Gas-Öl-Führung für eine Reihe von Bezirken der betreffenden Gebiete ermöglicht.

Die Kenntnis der Zusammensetzung und der Spannung der in den unterirdischen Wässern gelösten Gase ist auch deshalb nützlich, weil z. B. das Fehlen gelöster Kohlenwasserstoffe oder ihr Auftreten in geringer Menge mit einer Spannung, die weit unter dem Schichtdruck liegt, davon zeugt, daß wirtschaftliche Gasakkumulationen in diesem Abschnitt unmöglich sind, und umgekehrt, die Tendenz zu einer Spannungszunahme von günstigen Bedingungen (in den gleichen Richtungen) für die Bildung von Gaslagerstätten zeugt.

Das Studium der Zusammensetzung und der Spannung der im Wasser gelösten Gase ist eine große Hilfe bei der Erforschung der Bedingungen für die mögliche Entstehung von Gaslagern (in einzelnen Fällen auch von Erdöllagern).

Beim Studium der Veränderung der Spannungen im Wasser gelöster Gase muß natürlich die Temperatur berücksichtigt werden. Das macht

[1]) Das heißt der im Wasser gelösten Gasmengen. (D. R.)

die Sammlung und Heranziehung von Angaben über die Temperaturverhältnisse im Erdinnern erforderlich.

Im Komplex mit den genannten Angaben müssen bei einer Einschätzung der Perspektiven einer Erdöl-Erdgas-Führung auch Daten über Gasbakterien-Anomalien betrachtet werden. Die Methodik der Erforschung solcher Anomalien hat G. A. Mogilewskij ausgearbeitet.

Interessante Gesetzmäßigkeiten in der Verteilung der Gaszusammensetzung in natürlichen Wässern erdgas-erdölführender Gebiete hat G. M. Sucharew festgestellt. Beim Studium des Gasbestandes der mit den Karagan-Tschokrak-Ablagerungen verbundenen natürlichen Wässer fand er, daß Wässer, die Öllager umsäumen, von Methangasen begleitet werden, die auch schwerere Kohlenwasserstoffe enthalten (Äthan, Propan, Butan, Isobutan u. a.). Dieser Gürtel umschließt das Öllager meist in einem schmalen Streifen. Mit zunehmender Entfernung vom Öllager nimmt der Gehalt an schweren Kohlenwasserstoffen im Gas schroff ab; es kann ein breiterer, zweiter Gürtel von Methanwässern beobachtet werden, die keine oder fast keine schweren Kohlenwasserstoffe enthalten. Noch weiter vom zweiten Methanwassergürtel entfernt geht der Methangehalt allmählich bis auf Null zurück. Gleichzeitig steigt der Stickstoffgehalt, und mit wachsender Entfernung vom Öllager wird der Stickstoff zum dominierenden Bestandteil der Gase.

Die unterirdischen Wässer um ein Erdöllager sind auf diese Weise mit Methangasen angereichert, die allmählich von Stickstoffgasen aus der Luft mit einem Stickstoffgehalt bis zu 90% Volumen verdrängt werden.

N. K. Ignatowitsch, der die unterirdische Hydrosphäre unter dem Gesichtspunkt der Zirkulationsintensität der Wässer und des Wasseraustausches betrachtet, scheidet unbewegliche Zonen aus, die für die Bildung und Erhaltung von Gas- und Öllagern die günstigsten Voraussetzungen bieten. Für diese Zone ist die Verbreitung von Wässern des Chlorkalzium-Typs charakteristisch, die Brom, Jod und andere Mikroelemente enthalten.

Zonen des aktiven Wasseraustausches, die durch hydrokarbonatische und sulfatische Wässer gekennzeichnet werden, bezeichnet er als ungünstig für die Bildung und Akkumulation von Erdöl.

Bei der Erforschung der wahrscheinlichen Gesetzmäßigkeiten in der Verteilung von Öl- und Gaslagern sind hydrogeologische Untersuchungen sehr dienlich, die auf die Erforschung des ganzen Wasserdrucksystems, einschließlich der Einzugsgebiete, der Bezirke der Wassermigration und der Entspannungsgebiete gerichtet sind. Dazu werden Hydroisopiezo-

Karten konstruiert (sie zeigen die Verteilung der Wasserdrücke) sowie hydrogeologische Profile, die Form und Lage der piezometrischen Oberflächen in den verschiedenen wasserführenden Horizonten darstellen.

Zur Beurteilung der möglichen Erdgas-Erdöl-Führung einer Fläche sind auch paläohydrogeologische Daten heranzuziehen. Paläohydrogeologische Untersuchungen zusammen mit geologischen Angaben (paläogeographischen, paläogeologischen u. a.) gestatten es, die alten Einzugs- und Abflußgebiete anzudeuten und damit die Lage der uns interessierenden Flächen zu diesen zu überprüfen. Wenn sich auf der einzuschätzenden Fläche nach dem Charakter der möglichen Dynamik der Wässer ein mehrmaliger Wechsel der hydrogeologischen Zyklen vollzog (unter hydrogeologischen Zyklen wird die Periode des Wasseraustausches vom Augenblick der Bildung der sedimentären Wässer bis zu ihrer vollständigen Verdrängung durch Infiltrationswässer verstanden), so sinkt die mögliche Perspektive einer Erdgas-Erdöl-Führung infolge der mehrfachen „Durchwaschung“ der Ölfolgen erheblich. Eine solche negative Schlußfolgerung kann jedoch nicht als unumstößlich angesehen werden, da z. B. die obengenannten Umstände die Bildung der großen Öllagerstätten „Oktober“ (Grosny) nicht verhindert haben. Auf jeden Fall erscheinen die Entwicklungsräume syngenetischer (Sedimentations-) Wässer bei paläohydrogeologischen Forschungen günstiger als Entwicklungsräume epigenetischer (Infiltrations-)Wässer. Eine vollwertige Ausnutzung paläohydrogeologischer Angaben setzt zusätzliche Forschungen mit Hilfe paläogeologischer Profile, Trans- und Regressionsdiagrammen usw. voraus.

## 6.17 Spezielle Kriterien

Bei der Einschätzung der Perspektiven einer Erdgas-Erdöl-Führung sind zur leichteren Lösung dieser komplizierten Aufgabe auch andere Methoden anzuwenden, z. B. die Boden-Salz-Methode, die auf der Bestimmung des Gehalts und der Zusammensetzung der in den Böden enthaltenen Salze (und einiger anderer mineralischer Komponenten) beruht; das Studium der Oxydations-Reduktions-Potentiale; das Studium des Karbonat-Gleichgewichtes (die Methode wurde von I. A. Jurkewitsch ausgearbeitet). Ihr liegt die Theorie des Karbonat-Gleichgewichtes zugrunde, das die Wechselbeziehung zwischen der Salinität der Wässer und der Gehaltsänderung an $HCO_3$-Ionen in diesen aufdeckt. Diese Theorie kann in der Praxis ozeanologischer Forschungen zur Klärung von Aussüßungszonen bei verschiedenen paläogeographischen Konstruktionen angewandt werden.

Viele Forscher lenkten die Aufmerksamkeit auf epigenetische Veränderungen sedimentärer Gesteine durch Reduktionsprozesse, die mit dem Einwirken der Kohlenwasserstoffe auf die Gesteine zusammenhängen. In einigen Erdöllagerstätten können Veränderungen der Gesteinsfarbe beobachtet werden. Darauf hat seinerzeit auch I. M. Gubkin beim Studium der Ufaer Folge im Buguruslaner Bezirk hingewiesen. Er bemerkte: „Die rotbraune und rote Färbung der Gesteine, die von der Verbreitung von Eisenoxydverbindungen abhängt, verschwindet unter dem Einfluß von Kohlenwasserstoffen, da die Oxyde unter solchen Verhältnissen in Oxydule reduziert werden, die gewöhnlich eine grün-graue Färbung aufweisen."

Die Veränderung der Gesteinsfärbung in Richtung zu vorherrschend helleren Tönen kann als Anzeichen für den reduzierenden Einfluß der Kohlenwasserstoffe eines Öllagers (oder Gaslagers) dienen. Bekanntlich wird diese Erscheinung bei der Methode des sogenannten Oxydations-Reduktions-Potentials (pH-Methode) ausgenutzt, die bei geochemischen Sucharbeiten auf Öllager angewandt wird.

Von einigen Forschern wird eine besondere Gesteinsfärbung auf einigen Flächen des Kuibyschewer Wolgagebietes vermerkt, wo die Gaslager an die Kalinowo-Folge der Unterkasaner Unterstufe gebunden sind, die Erdöllager dagegen – an die Kungur-Stufe des unteren Perm. In den untersuchten Profilen ist ein deutliches Überwiegen grauer Gesteine in den Kuppeln der Strukturen zu beobachten und dunkelgefärbter an der Peripherie. Das zeugt für die Einwirkung der Kohlenwasserstoffe auf das umgebende anorganische Milieu.

Alle diese Erscheinungen sowie andere, hier nicht aufgeführte Faktoren, die in einzelnen erdgas-erdölführenden Gebieten auftreten, sind in ihrer Gesamtheit bei der Beurteilung der Perspektiven einer Erdgas-Erdöl-Führung der verschiedenen Regionen zu berücksichtigen.

## 6.2 Die Anfertigung von Prognosekarten der Erdgas-Erdöl-Führung und die Klassifizierung erdgas-erdölführender Flächen

Nach der Erforschung der verschiedenen Kriterien einer Erdöl-Erdgas-Führung und der Zusammenstellung entsprechender Spezialkarten der Prognose wird, auf diesen aufbauend, eine komplexe Prognosekarte der Erdgas-Erdöl-Führung gezeichnet, die alle Indikationen enthält. Deren gemeinsames Studium ist die Grundlage für eine vergleichende qualitative Einschätzung und die Abgrenzung von Gebieten unterschiedlicher Höffigkeitsklassen (Kategorien).

Die komplexe Prognosekarte der Erdgas-Erdöl-Führung ist somit eine Karte, auf der die regionalen tektonischen Grundlagen des Gebietes dargestellt, nach Möglichkeit die tektonische Rayonierung durchgeführt und, wenn hierfür Daten vorliegen, einzelne lokale Strukturen angegeben sind. Auf dieser tektonischen Grundlage werden gezeigt: die lithologisch-fazielle Charakteristik (wenn möglich, mit Angaben über Speichereigenschaften der Gesteine, die Gesteinsmächtigkeit, Erscheinungen des Metamorphismus, Gesetzmäßigkeiten der faziellen Veränderungen usw.), Öl- und Gasanzeichen an der Oberfläche, geochemische Daten (entsprechend dem Umfang und dem Inhalt der oben angeführten Kriterien einer Erdgas-Erdöl-Führung) und hydrochemische Bestimmungen (gemäß dem oben angeführten Forschungsumfang), die vermuteten Höffigkeitsgrenzen für bestimmte stratigraphische Einheiten oder ihre Komplexe. Wenn das möglich ist, werden für einzelne stratigraphische Einheiten selbständige Prognosekarten zusammengestellt. Dann erfolgt die komplexe Einschätzung aller vorhandenen Daten, wenn möglich, für einzelne stratigraphische Einheiten sowie für die eine oder andere Region oder Fläche im ganzen.

Bei der komplexen Beurteilung der Perspektiven einer Erdgas-Erdöl-Führung werden auch allgemeine Fragen der historischen Geologie, der paläogeographischen und paläotektonischen Verhältnisse während der Bildung der Strukturen sowie der allgemeinen bio- und geochemischen Voraussetzung für eine mögliche Bildung und Erhaltung von Erdöl- und Erdgaslagern erörtert.

Es ist augenfällig, daß die Vorstellung über die Entstehung des Erdöls und die Gestzmäßigkeiten der Verteilung von Erdgas-Erdöl-Zonen der Beurteilung der Perspektiven einer Erdgas-Erdöl-Führung nach der Prognosekarte zugrunde liegen muß.

Forschungen einer Reihe Gelehrter zeigten, daß regionale Zonen einer Öl-Gas-Akkumulation in Geosynklinalgebieten gesetzmäßig an die Randteile der Faltengebiete gebunden sind, häufig an ihre Senken sowie Zwischensenken.

In Tafelgebieten spielen in der gesetzmäßigen Verteilung von Zonen einer Gas-Öl-Akkumulation die großen tektonischen Elemente – die Strukturen erster Ordnung – eine bedeutende Rolle. Hier sind die regionalen Gas- und Ölakkumulationszonen hauptsächlich an die Flanken gewölbeartiger Erhebungen gebunden, häufig an die periphere Zone von Tafelsenken sowie an die Ränder der Randsenken.

Grundlage für die Ermittlung der Perspektiven einer Erdöl-Erdgas-Führung des einen oder anderen Gebietes ist das komplexe Studium der Prognosekarten in Verbindung mit der Erforschung der Zusammenhänge zwischen regionalen Ölakkumulationszonen und großen Strukturelementen sowie dem Studium der Gesetzmäßigkeiten der Verteilung der Erdgas- und Erdöllager in den Strukturen niederer Ordnung.

Auf der Prognosekarte werden zuerst die großen höffigen Gebiete ausgeschieden, dann die kleineren bis zu einzelnen Flächen und Strukturen, wenn das vorliegende Tatsachenmaterial es gestattet.

Die Voraussage der Perspektiven einer möglichen Erdgas-Erdöl-Führung der einen oder anderen Fläche oder einer einzelnen Struktur stützt sich auf qualitative Kriterien der Erdgas-Erdöl-Führung, wobei methodisch mit Analogieschlüssen aus ähnlichen untersuchten Flächen oder Territorien auf die eingeschätzte Fläche gearbeitet wird.

Da auf dem betreffenden Territorium abgebohrte und erkundete Flächen fehlen können, kann es offensichtlich notwendig werden, für die Analogie Beispiele aus anderen ähnlichen Erdgas-Erdöl-Bezirken heranzuziehen.

Bei der qualitativen Einschätzung der Perspektive eines gas-ölführenden Territoriums sind einzelne Flächen nach den vorliegenden Einschätzungsdaten entsprechend den oben angeführten Kriterien einer Erdgas-Erdöl-Führung in Klassen einzuteilen.

Diese Klassen-Einteilung der Flächen kann nach folgendem Schema (Tabelle 28) durchgeführt werden:

Tabelle 28

| Klasse | Höffigkeitscharakter d. Flächen | Vorhandene Kriterien einer Erdgas-Erdöl-Führung |
|---|---|---|
| I | sehr perspektiv | Strukturen und Fallen sind vorhanden; eine günstige lithologisch-fazielle Charakteristik der Gesteine und ihrer Speichereigenschaften zeichnet sich ab; günstige direkte geochemische und hydrochemische Indikationen liegen vor; günstige paläogeographische Daten sowie günstige paläogeographische Bedingungen für die Bildung und Erhaltung von Erdöl- und Erdgaslagern wurden festgestellt usw. |

| Klasse | Höffigkeits-charakter d. Flächen | Vorhandene Kriterien einer Erdgas-Erdöl-Führung |
|---|---|---|
| II | perspektiv | Strukturen und Fallen sind vorhanden, eine günstige lithologisch-fazielle Charakteristik der Gesteine und ihrer Speichereigenschaften deutet sich an; nur einige indirekte Daten geochemischer und hydrochemischer Indikationen liegen vor, die auf möglicherweise günstige Verhältnisse für die Bildung und Erhaltung von Erdöl- und Erdgaslagern hinweisen usw. |
| III | möglicherweise perspektiv | 1. Nur allgemeine Angaben über möglicherweise vorhandene Strukturen und Fallen und günstige lithologisch-fazielle Eigenschaften der Gesteine liegen vor; es fehlen Angaben über andere günstige Kriterien einer Öl-Gas-Führung, oder: |
| | | 2. keinerlei Angaben über möglicherweise vorhandene Strukturen und Fallen sowie über günstige lithologisch-fazielle Eigenschaften der Gesteine liegen vor; einige hydrochemische Indikationen sowie regionale Angaben über günstige paläogeographische Verhältnisse für die Bildung von Strukturen und Gas- und Öllagern sind jedoch vorhanden usw. |
| IV | wenig perspektiv | Nur offene, stark zerstörte Strukturen sind vorhanden, die für eine teilweise Zerstörung der Öl- und Gaslager zeugen; Metamorphisierung der Gesteine wird beobachtet, wodurch sich ihre Speichereigenschaften schroff verschlechtern usw. |
| V | perspektivlos | Strukturen oder Speichereigenschaften der Gesteine fehlen, eindeutige geochemische und hydrochemische Faktoren wurden festgestellt, die zur Zerstörung der Öl- und Gaslager führten. Die paläogeographischen Verhältnisse waren für die Bildung von Erdöl- und Gaslagern ungünstig; bedeutende Metamorphose der Gesteine wird beobachtet usw. |

Anmerkung: Geologisch-ökonomische und technische Faktoren, die höffige Gebiete charakterisieren, werden hier nicht behandelt, da die vorliegende Arbeit nur den Fragen der geologischen Einschätzung einer Gas-Öl-Führung und der Bestimmung der Vorräte gewidmet ist.

Die angeführte Klassifikation der Flächen wird durch entsprechende Signaturen in die Prognosekarte übernommen. Wenn nötig, können die einzelnen Klassen der Flächen in Unterklassen eingeteilt werden. Dies betrifft vor allem Flächen der Klassen III und IV. Z. B. kann Klasse III (möglicherweise perspektive Flächen) in Abhängigkeit von der Vollständigkeit der Daten in Unterklassen nach dem Grad der Klärung der einen oder anderen Kriterien oder deren Summe unterteilt werden. Klasse IV kann ebenfalls nach dem Charakter der Faktoren (oder deren Gesamtheit) unterteilt werden, durch die in dem einen oder anderen Maße die Höffigkeitsvoraussetzungen der Flächen verbessert oder verschlechtert werden.

Wenn innerhalb des Gebietes oder der erdölführenden Provinz, für die eine Prognosekarte zusammengestellt wurde, exploitierte oder erkundete Flächen mit berechneten Vorräten liegen, müssen solche Flächen durch entsprechende Symbole auf der Prognosekarte kenntlich gemacht werden.

Für die genannten Exploitationsflächen müssen die spezifischen Vorräte berechnet (pro 1 ha Fläche und 1 m effektive erdölgesättigte Schichtmächtigkeit in Tonnen für Erdöl und in Tausend $Nm^3$ für Gas) und in die Karte durch entsprechende Symbole die quantitativen Verhältnisse eingetragen werden.

Sind im untersuchten Gebiet oder in der Erdölprovinz, für die eine Prognosekarte zusammengestellt wurde, nur einige fündige Bohrungen niedergebracht worden, müssen sie ebenfalls auf der Karte vermerkt und deren Daten bei der Beurteilung der einzelnen Kriterien einer Öl-Gas-Führung berücksichtigt werden.

## 6.3 Die quantitative Einschätzung

Eine einheitliche Methode zur quantitativen Einschätzung prognostischer Erdöl- und Erdgasvorräte gibt es nicht. Jeder Forscher berechnet prognostische Vorräte nach seiner Erfahrung, seiner Kenntnis der Geologie des betreffenden Bezirkes und seiner Fähigkeit, die Öl- und Gasvorräte zu beurteilen.

Wir halten es für sinnvoll, die Berechnungsmethode prognostischer Vorräte auf das vorliegende Tatsachenmaterial abzustimmen.

Als erreichbare höchste Genauigkeitsgrenze einer Berechnung muß in diesem Sinne die Möglichkeit der Anwendung der Volumenformel angesehen werden, wenn alle Ausgangsparameter, die in diese Formel eingehen, mit der erforderlichen Genauigkeit bestimmt werden können (entsprechend den festgelegten Vorratskategorien A, B, C).

Bei prognostischen Vorräten ist eine derartige Bestimmung der Parameter zwecks Anwendung der Volumenformel unmöglich. Daher müssen verschiedene indirekte Berechnungsmethoden angewandt werden. Die besten Möglichkeiten für die Vorratsberechnung liegen dabei dann vor, wenn das einzuschätzende Territorium durch die Kriterien einer Erdöl-

Erdgas-Führung bis ins Einzelne charakterisiert wird und Analogien zu konkreten, bereits erforschten Exploitationsflächen bestehen.

In diesem Falle kann die quantitative Einschätzung bequem nach einem Punktsystem durchgeführt werden, bei dem die Punkte abschließend in Vorratszahlen ausgedrückt werden.

Die Beurteilung der Vorräte erfolgt somit in zwei Stadien: zuerst wird eine qualitative Einschätzung der höffigen Flächen in Punkten vorgenommen; dann werden die Vorratsziffern bestimmt, indem die Punkte in Zahlenwerte umgerechnet werden. Grundlage hierfür ist der Wert (in Tonnen) eines Punktes, der in Analogie zu erkundeten Exploitationsflächen bestimmt wurde.

### 6.31 Die Einschätzung nach Punkten

Die qualitative Einschätzung prognostischer Flächen nach Punkten ist gemäß den oben dargelegten geologischen Kriterien einer Erdöl-Erdgas-Führung durchzuführen, die in Tabelle 29 zusammengefaßt aufgeführt sind:

Tabelle 29

| Lfd. Nr. | Bezeichnung der Kriterien einer Erdgas-Erdöl-Führung | Einzelcharakteristik der Kriterien | Punkte |
|---|---|---|---|
| 1 | Tektonische Angaben | Strukturfaktor und Bildungsbedingungen für Fallen sind sehr günstig. | 10 |
| | | Strukturfaktor und Angaben über die mögliche Existenz von Fallen sind weniger günstig, da Brüche usw. auftreten. | 5 |
| | | Strukturfaktor ist sehr schwach ausgeprägt, Bildungsbedingungen für Fallen sind unklar. | 2 |
| | | Strukturen und günstige Fallen fehlen. | 0 |
| 2 | Angaben der Stratigraphie, Paläogeographie und Paläogeologie | Günstige Analogien zu abgebohrten Flächen sind nach stratigraphischen Merkmalen möglich; günstige paläogeographische und paläogeologische Verhältnisse. | – |
| | | Der stratigraphische Vergleich ist für eine Analogie weniger günstig; die paläogeographischen Verhältnisse sind weniger günstig, oder die erwähnten Daten blieben ungeklärt. | – |

| Lfd. Nr. | Bezeichnung der Kriterien einer Erdgas-Erdöl-Führung | Einzelcharakteristik der Kriterien | Punkte |
|---|---|---|---|
| 3 | Daten der lithologisch-faziellen Analyse | Die lithologisch-fazielle Charakteristik der Gesteine und ihre Speichereigenschaften sind äußerst günstig. | 10 |
| | | Die lithologisch-fazielle Charakteristik der Gesteine und ihre Speichereigenschaften sind weniger günstig. | 5 |
| | | Die lithologisch-fazielle Charakteristik der Gesteine ist bedeutend ungünstiger; Pelitisierung wird beobachtet; die Sedimentationsbedingungen und die Speichereigenschaften sind unzureichend geklärt. | 2 |
| | | Die lithologisch-fazielle Charakteristik der Gesteine ist sehr schlecht; die Gesteine weisen keine Speichereigenschaften auf; intensiver Gesteinsmetamorphismus wird beobachtet, der Speichereigenschaften der Gesteine unmöglich macht. | 0 |
| | Anzeichen einer Erdgas-Erdöl-Führung und geochemische Indikationen einer möglichen Erdgas-Erdöl-Führung | Direkte Anzeichen einer Erdgas-Erdöl-Führung und direkte günstige geochemische Indikationen liegen vor. | – |
| | | Indirekte Anzeichen einer Erdgas-Erdöl-Führung und indirekte geochemische Indikationen liegen vor oder fehlen. | – |
| 5 | Hydrochemische Indikatoren einer Erdgas-Erdöl-Führung | Direkte günstige Daten über den Chemismus der Wässer und der gelösten Gase liegen vor. | – |
| | | Indirekte günstige Angaben der Hydrochemie liegen vor oder fehlen. | – |

In dieser Tabelle sind in gedrängter Form die geologischen Kriterien einer Erdgas-Erdöl-Führung und ihre Bewertung in Punkten angeführt. Die laufenden Nummern 2, 4 und 5 wurden nicht nach Punkten bewertet, da sie ausschließlich eine qualitative Charakteristik der Flächen unter dem Gesichtspunkt des möglichen Auffindens von Öl- oder Gaslagern geben.

Wir haben für die Bewertung der strukturellen und lithologisch-faziellen Faktoren nach deren Eigenschaften die Punkte 10, 5, 2 und 0 eingesetzt; Null zeigt dabei das Fehlen des betreffenden Faktors an. Für die bequemere vollständige qualitative Beurteilung einer Fläche können die Punkte der einzelnen Kriterien miteinander multipliziert werden; die höchste Punktzahl für die qualitative Einschätzung der verschiedenen Kriterien kann 100 erreichen. Eine solche Einschätzung nach Punkten erfolgt für alle prognostischen Flächen. Dann wird innerhalb des betreffenden Territoriums (oder einem ähnlichen benachbarten Territorium) für die vorhandenen Exploitationsflächen mit – wie früher dargelegt worden ist – bereits berechneten spezifischen Erdöl- oder Gasvorräten ebenfalls eine qualitative Einschätzung nach Punkten durchgeführt und der Wert eines Punktes (in Tonnen) durch Teilung des spezifischen Vorrates mit dem Produkt der Punkte für die betreffende untersuchte Fläche bestimmt. Nehmen wir z. B. an, daß für eine untersuchte exploitierte Fläche (oder als Mittel für eine Reihe exploitierter Flächen des betreffenden Gebietes) der spezifische Vorrat $Q_s = 1500$ t/ha/m sei; das Produkt der Punkte für die Kriterien seiner Erdöl-Erdgas-Führung sei $n = 50$. Dann ist der Wert eines Punktes (in Tonnen) $S = \frac{Q_s}{n} = 30$ t/ha/m. Dieser Wert kann in Analogie auf alle prognostischen Flächen übertragen werden, die qualitativ nach Punkten eingeschätzt wurden.

Wenn z. B. irgendeine Fläche mit folgenden Punkten eingeschätzt wurde: Tektonik – 5; lithologisch-fazieller Faktor – 5, dann ist ihr Produkt 25. Die betreffende prognostische Fläche erhält dann für 1 ha/m einen Bewertungsindex der Vorräte gleich: $30 \cdot 25 = 750$ t.

Weiter müssen für die einzuschätzende Fläche die Ausmaße der vermuteten produktiven Fläche und die summare Mächtigkeit aller erwarteten produktiven Horizonte bestimmt werden (da die spezifischen Vorräte, wie gesagt, als Durchschnitt für eine hektargroße Fläche und einen Meter effektiver gas-ölgesättigter Mächtigkeit aller produktiven Horizonte bestimmt werden).

Wenn die produktive Fläche in der Größe $F$ ha ermittelt wird und die summare effektive gas-ölgesättigte Mächtigkeit der produktiven Horizonte $M$ Meter beträgt, werden in unserem Falle die Erdölvorräte für die betrachtete produktive Fläche $750 \cdot F \cdot M$ t betragen.

Die vermutete summare effektive gas-ölgesättigte Mächtigkeit der produktiven Horizonte wird nach Analogieschlüssen und den Unterlagen der komplexen Prognosekarte bestimmt. Die mögliche produktive Fläche wird ebenfalls in Analogie zu einer ähnlichen untersuchten Fläche ermittelt, indem der Quotient aus der Größe der produktiven Fläche zur gesamten

Fläche der Struktur bestimmt und für das einzuschätzende Feld benutzt wird. Für die Lagerstätten der Apscheron-Halbinsel nimmt, wie schon erwähnt, I. M. Gubkin an, daß sich im Durchschnitt die von Öllagern eingenommenen Flächen zu den Flächen der Strukturen wie 1:5 bis 1:10 verhalten. Auf Tafelgebieten liegt dieses Verhältnis offenbar weit höher.

Bei der quantitativen Einschätzung prognostischer Vorräte mit Hilfe von Punkten kann zwecks größerer Genauigkeit (mit Hilfe von Analogieschlüssen zu untersuchten Flächen) eine differenzierte Berechnung der durchschnittlichen spezifischen Vorräte untersuchter Flächen nach den entsprechenden Klassen durchgeführt werden, wie sie in der Tabelle oben aufgeführt sind. Die erhaltenen Zahlenwerte für die spezifischen Vorräte der untersuchten Flächen in den einzelnen Klassen können dann auf die entsprechenden Klassen der Prognoseflächen extrapoliert werden.

In einigen Fällen kann es schließlich zweckmäßig sein, kleinere Zwischenwerte zwischen 10 und 5, 5 und 2 sowie 2 und 0 einzusetzen, wenn im Vergleich zu den in der Tabelle aufgeführten noch verschiedene zusätzliche oder Übergangskriterien zur Verfügung stehen.

Es ist völlig klar, daß die quantitative Einschätzung der Vorräte, wenn sie sich auf nach Punkten bewertete Kriterien einer Gas-Öl-Führung aufbaut, am besten begründet ist. In diesem Falle ist es möglich, einzelne Flächen mit besonders günstiger erwarteter Gas-Öl-Führung auszusondern und deren Vorräte in Analogie zu entsprechenden abgebohrten Flächen mengenmäßig einzuschätzen.

Wenn Angaben zu den Kriterien einer Gas-Öl-Führung fehlen oder nicht ausreichen, um in dem einzuschätzenden Territorium einzelne besonders günstige Flächen auszusondern, muß die wichtige Frage gelöst werden, welche Fläche oder welcher prozentuale Anteil der Gesamtfläche der Größe der möglichen produktiven Flächen entspricht.

Die quantitative Charakteristik des einzuschätzenden Territoriums stützt sich in diesem Falle nicht auf die Kriterien einer Gas-Öl-Führung, sondern auf andere Kennziffern. Hierzu gehören: die Bestimmung des prozentualen Anteils der möglichen produktiven Fläche an der Gesamtfläche eines hinreichend abgebohrten ölführenden Gebietes oder die Bestimmung des prozentualen Anteils der gleichen Fläche an einer noch ungenügend abgebohrten Fläche nach der Größe der angenommenen Fläche der Ölakkumulation (um die so erhaltenen Kennziffern zu Analogieschlüssen bei der Einschätzung prognostischer Flächen zu verwenden).

### 6.32 Die Bestimmung des prozentualen Anteils der möglichen produktiven Fläche

Die Bestimmung des prozentualen Anteils der möglichen produktiven Fläche an der Gesamtfläche eines ausreichend abgebohrten erdgas-erdölführenden Gebietes erfolgt folgendermaßen: Es werden bestimmt – die summare Fläche der produktiven ölführenden Flächen (in ha) und gesondert die Flächen, die freies Gas enthalten; dann wird die Gesamtfläche des erdöl-erdgasführenden Gebietes berechnet. Der Quotient dieser Größen, in Prozenten, ergibt den mittleren prozentualen Anteil der produktiven Flächen in dem betreffenden Gebiet (gesondert für Erdöl und Erdgas). Die erhaltene Ziffer wird auf analoge benachbarte Flächen (und stratigraphische Komplexe, wenn für diese gesonderte Berechnungen angestellt wurden) extrapoliert, für die prognostische Vorräte berechnet werden. Die Bestimmung der Gesamtfläche des gas-ölführenden Bassins, in dem produktive Flächen vorhanden sind, ist manchmal schwierig. Konkrete Empfehlungen können hierzu nur sehr schwer gegeben werden. Die Umgrenzung muß sich auf allgemeine Überlegungen stützen, die sich aus der Kenntnis der Geologie des Gebietes ergeben, aus der Geschichte seiner geologischen Entwicklung, seinen paläogeographischen Besonderheiten sowie den geologischen und geochemischen Bedingungen für die Bildung und Verteilung von Erdöl- und Erdgaslagern. In einzelnen Fällen können bei der Festlegung der Grenzen eines erdöl-erdgasführenden Bassins Angaben über das Auftreten in den Gesteinen dispers verstreuter Bitumina und der Kohlenstoffkoeffizienten herangezogen werden, wie bei der Darlegung der geochemischen Kriterien einer Gas-Öl-Führung erläutert wurde.

Der prozentuale Anteil der produktiven Fläche wird nach der Größe der angenommenen Ölakkumulationsfläche dann bestimmt, wenn das ölführende Gebiet unzureichend abgebohrt ist und die formale Bestimmung des prozentualen Anteils der produktiven Flächen nach dem Quotienten dieser Flächen zur Gesamtfläche des Bassins nicht in vollem Maße die Größe der möglichen produktiven Flächen widerspiegelt. Dazu wird der Abschnitt des Territoriums ausgewählt, der am besten abgebohrt ist. In seinen Grenzen wird eine bedingte Fläche der Ölakkumulation umgrenzt, wobei eine möglichst große Anzahl durch Bohrungen erkundeter Flächen einbezogen wird. Die Grenzen der bedingten Ölakkumulationsfläche werden parallel zum Streichen der Strukturen nach der vermuteten (beiderseits der Strukturen) Lage der Synklinalachsen; quer zum Streichen werden die Strukturen in der Mitte der Einwölbung zwischen der letzten erkundeten fündigen (oder nichtfündigen) Struktur und einer noch nicht abgebohrten Struktur begrenzt.

Für die so abgegrenzte ölführende Fläche wird die Gesamtfläche ermittelt und gesondert die summare produktive Fläche der eigentlichen produktiven Strukturen. Der Quotient dieser Größen, in Prozenten, gibt den Mittelwert der möglichen produktiven Fläche (summarisch oder gesondert für Ölstrukturen und Strukturen, die freies Gas enthalten, wenn solche vorhanden sind). Dieser Wert wird dann auf die benachbarten Prognoseflächen (oder stratigraphischen Komplexe) extrapoliert.

W. L. Russel nennt für einige Geosynklinalgebiete, die Öllagerstätten enthalten, 1–5% als Größe der produktiven Flächen an der Gesamtfläche des Bassins.

Für die Tschokrak-Spirialis-Ablagerungen des östlichen Vorkaukasus ergeben analoge Berechnungen für verschiedene Abschnitte die Werte: 0,49–2,43%. Von der so ausgeschiedenen produktiven Fläche gehören 87% zu Öllagern und 13% zu Lagern, die freies Gas enthalten.

Für die Maikop-Sedimente des östlichen Vorkaukasus wurden niedrigere Werte erhalten: 0,014–0,031%. Für die unterkretazischen Ablagerungen des Prikumer Gebietes und des Südhanges der begrabenen Karpinskij-Gebirgskette können folgende Werte genannt werden: 2,91–5,19%. Davon kommen 74% auf Flächen mit freiem Gas und 26% auf Erdöllager.

Die hier angegebenen Prozentzahlen der produktiven Fläche sind Richtwerte und zeigen im Grunde nur die Größenordnung an, da detaillierte Berechnungen für die genannten Territorien nicht angestellt worden sind.

Ein schwieriges Problem ist es, innerhalb der berechneten möglichen produktiven Fläche gesondert ölführende und reine gasführende Flächen anzugeben, wenn die Analogieangaben solche Daten für die erkundeten Gebiete (die zur Analogie herangezogen wurden) nicht enthalten und nur Angaben über die Gasförderung aus reinen Gaslagern vorliegen. In diesem Falle muß als Analogie das Verhältnis der faktischen Gas- und Erdölförderung genommen werden; dieses Verhältnis muß auf die berechneten prognostischen Erdölvorräte extrapoliert werden, um mögliche Vorräte an freiem Gas für das einzuschätzende Territorium gesondert angeben zu können. Wenn irgendwelche Hypothesen oder Arbeitshypothesen über die Gesetzmäßigkeiten in der Verteilung von Erdöl- und Gaslagern bestehen, ist es sehr nützlich, sie zur Abgrenzung der entsprechenden Flächen zu benutzen.

Nach der Bestimmung der Ausmaße der vermuteten produktiven prognostischen Flächen kann unmittelbar zur mengenmäßigen Einschätzung der Erdöl- und Gasvorräte übergegangen werden. Diese Berechnung wird in Analogie zu entsprechenden abgebohrten Flächen durchgeführt (entweder nach den Mittelwerten für die gesamte Fläche oder nach den Berechnungsdaten für einzelne stratigraphische Einheiten).

### 6.33 Die Berechnung der Vorräte

Die Berechnung der Erdölvorräte erfolgt folgendermaßen: als Berechnungseinheit wird der spezifische Vorrat einer analogen (oder ähnlichen) Fläche (oder eines Territoriums) angenommen, in Tonnen pro Hektar ($Q_s$)[1].

Es ist sinnlos, in diesem Falle die spezifischen Vorräte für 1 ha und 1 m zu berechnen, da uns die Lage der vermuteten produktiven Flächen innerhalb der prognostischen unbekannt ist. Denn wenn in Analogie die spezifischen Vorräte auf die Prognosefläche extrapoliert werden, besteht keine Möglichkeit, die in der erkundeten Fläche erhaltenen konkreten Daten über die Mächtigkeit auszunutzen. Bei der Übertragung der spezifischen Vorratswerte (in Tonnen pro Hektar) auf prognostische produktive Flächen ist die mögliche Spezifik ihrer geologischen Profile zu berücksichtigen. Dazu werden die spezifischen Vorräte der abgebohrten Flächen mit einem Korrekturfaktor für die Veränderung des Sandanteils versehen.

Dieser Korrekturfaktor wird aus dem Verhältnis der Mächtigkeiten der sandigen Sedimente im Durchschnittsprofil der abgebohrten Fläche ($M_1$) zu den orientierungsmäßigen Daten im Profil der prognostischen Fläche ($M_2$) bestimmt. Noch besser wäre es, diesen Korrekturfaktor durch die Mächtigkeiten der ölgesättigten Gesteine auszudrücken, wenn hierfür die entsprechenden Daten zur Verfügung stünden. In diesem Falle müßte bei Verwendung der spezifischen Vorratswerte für die prognostische Fläche nicht die Größe $Q_s$, sondern $Q_s \cdot \frac{M_2}{M_1}$ genommen werden (wo $\frac{M_2}{M_1}$[2] der Korrekturfaktor für die Veränderung der Mächtigkeit der Sandgesteine im Profil oder die Veränderung der Mächtigkeit der sandigen ölgesättigten Gesteine ist).

---

[1] Die Berechnung der spezifischen Erdölvorräte erfolgt für die Kategorie $A+B+C_1$.

[2] An Stelle des Quotienten der Mächtigkeit $\frac{M_2}{M_1}$ ist das Verhältnis der Volumen der sandigen Gesteine genauer, wenn hierfür die erforderlichen Daten zur Verfügung stehen.

### 6.331 Die Berechnung der im Erdöl gelösten Gasvorräte

Für die prognostischen Flächen werden die im Erdöl gelösten Gasvorräte nach den für das erkundete Territorium erhaltenen Angaben über die Löslichkeit von Gas in Erdöl berechnet mit einer Korrektur für den mittleren Schichtdruck, der für das prognostische Territorium (Fläche) in die Berechnung eingeht. Diese Berichtigung ist gleich $\frac{P_2}{P_1}$,

wo $P_2$ – der in die Berechnung eingehende mittlere Schichtdruck für das prognostische Territorium;

$P_1$ – der mittlere Schichtdruck des abgebohrten Territoriums sind.

(Statt $\frac{P_2}{P_1}$ kann als Korrekturfaktor das Verhältnis der mittleren Tiefen genommen werden.)

### 6.332 Die Berechnung des freien Gases

Für prognostische Flächen wird freies Gas nach den Angaben über den spezifischen Gasgehalt (in Millionen oder Milliarden $Nm^3$ pro Hektar) abgebohrter Flächen berechnet; diese Daten werden in Analogie auf die prognostischen Gasflächen übertragen und ein Korrekturfaktor für die Veränderung der Mächtigkeit (wie für Erdöl) und den Druck eingeführt:

$$\frac{P_2}{P_1}$$

(wo $P_2$ – der mittlere Schichtdruck im prognostischen Territorium und $P_1$ – der mittlere Schichtdruck im abgebohrten Territorium, das Lager mit freiem Gas enthält). Der mittlere Schichtdruck der prognostischen Fläche wird nach dem hydrostatischen Druck berechnet, wobei als Durchschnitt $\frac{H}{10}$ genommen wird (wo $H$ – die mittlere Tiefe auf der prognostischen Fläche, in Metern).

### 6.333 Die potentiellen Vorräte

Zum Schluß muß noch darauf verwiesen werden, daß neben der Gruppe der prognostischen Vorräte, die, wie oben dargelegt, auf Grund allgemeiner regional-geologischer und -geophysikalischer Untersuchungen oder nach Daten der geologischen Rayonierung und Abgrenzung möglicher Gas- und Ölakkumulationszonen ausgesondert werden, noch die Gruppe der potentiellen Vorräte unterschieden werden sollte.

Für ein Territorium, das potentielle Vorräte enthält, liegen keinerlei Daten zu den Kriterien einer Gas-Öl-Führung vor, ebenso fehlt die Möglichkeit für geologische Analogien, um Angaben über die spezifischen Vorräte an Erdöl und Erdgas auf abgebohrten Flächen verwenden zu können.

Zu den potentiellen Vorräten sind Vorräte in Räumen zu rechnen, in denen sedimentäre Gesteinsserien ausgebildet sind, für die jedoch keinerlei andere Angaben außer allgemeinen Überlegungen vorliegen, daß Erdöl und Erdgas regional verbreitete mineralische Rohstoffe und in der Regel an sedimentäre Gesteine gebunden sind. Zu den potentiellen Vorräten sollten vielleicht auch die in großen Tiefen von über 5000 und bis 7000 m möglichen Vorräte gerechnet werden, darunter auch die abgebohrten und erkundeten Territorien.

Die Berechnung der potentiellen Vorräte ist nach weniger detaillierten Kennziffern in Analogie zu großen abgebohrten öl-gasführenden Gebieten durchzuführen. Eine solche Analogie läßt sich als Mittelwert entweder für alle Ablagerungen durchführen oder gesondert für einzelne große stratigraphische Komplexe. Als Berechnungseinheit wird gewöhnlich der mittlere Öl (oder Gas-)inhalt auf 1 $km^3$ sedimentärer Ablagerungen genommen.

W. L. Russel führt für einzelne erdölführende Bassins der USA folgenden Erdölinhalt (in Tonnen) eines Kubikkilometers sedimentärer Gesteine an (bis zu einer Tiefe von 6100 Metern).

| | |
|---|---|
| Michigan und Kentucky | 200 |
| Illinois | 1100 |
| Texas-Küste des Golfs von Mexiko | 1900 |
| Oklahoma | 2300 |
| Kalifornien | 5800 |
| Texas | 1200 |

A. J. Levorsen vertritt, daß im Durchschnitt für die Einschätzung der potentiellen Ölführung der Sedimente 2800 t Erdöl pro 1 $km^3$ sedimentärer Gesteine angenommen und der Schätzung der Erdölvorräte für verschiedene Gebiete der Erdoberfläche, in denen Sedimente entwickelt sind, zugrunde gelegt werden können.

Es ist klar, daß solche Ziffern keinesfalls Berechnungen zugrunde gelegt werden können. Das beweisen auch die von W. L. Russel angeführten Angaben über den Ölinhalt 1 $km^3$ sedimentärer Gesteine, die für die verschiedenen Becken sehr unterschiedlich sind. In jedem einzelnen Falle müssen daher bei Analogieschlüssen alle vorliegenden geologischen Daten berücksichtigt werden. Das Bergbau-Bureau der USA (nach Angaben von 1956) schätzt die spezifischen Vorräte eines $km^2$ potentieller Fläche auf etwa 5,5 Tausend $m^3$ (bei einer potentiellen Gesamtfläche mit möglichem Gasinhalt von 5 Mill. $km^2$).

Moskau, 2. IV. 1961

# 7 Literatur


ABRAMOWITSCH, M. W.: Über die Genauigkeit der Berechnung von Lagerstättenvorräten an Erdöl nach der Volumen-Methode. Nachrichten der Akad.d. Wiss. der Aserbaidsh. SSR., 1951, No. 5 (russisch).

DAVIS, R. E.: Methods of Estimating Natural Gas Reserves. Gas, vol. 31, No. 3.

DAVIS, R. E. & L. H. MELTZER: A Method of Predicting Availability of Natural Gas Based on Average Reservoir Performance. Journ. of Petr. Techn., 1953, X.

GEFFEN, T. M., D. R. PARRISH, G. W. HAYNES & R. A. MORSE: Efficiency of Gas Displacement from Porous Media by Liquid Flooding. Journal of Petr. Techn., February 1952.

GRISCHIN, F. A.: Die Bestimmung der in die Schicht eingedrungenen Wassermenge bei der Erdölvorratsberechnung nach der Methode der Materialbilanz. Neuigkeiten der Erdöl-Technik, Geologija, 1957, Nr. 1 (russisch).

GRUY, H. J. & J. A. CRICHTIN: A critical Review of Methods used in Estimation of Natural Gas Reserves. Petr. Techn. VII, 1948.

Handbook of Natural Gas Engineering. New York, Toronto, London, 1959.

KATZ DONALD, L.: Development of Techniques in Reserve Estimation. Journal of Petr. Techn., Sect. I, Sept. 1953.

Klüftige Gesteine und ihre Speichereigenschaften. Sammlung von Aufsätzen unter Redaktion von E. M. SMECHOW. Arbeiten des WNIGRI, Ausgabe 121, Moskau, 1958 (russisch).

KOTJACHOW, F. I.: Über die bestehenden Widersprüche in der Einschätzung der Klüftigkeit der Gesteine. Erdölwirtschaft, 1960, Nr. 2 (russisch).

— Eine Näherungsmethode zur Bestimmung der Erdölvorräte in klüftigen Gesteinen. Erdölwirtschaft, 1956, Nr. 4 (russisch).

LEVORSEN, A. J.: Geology of Petroleum. San Francisco, 1954.

MABRA D. ALLEN, Jr.: Here's a New Way to Evaluate Drillable Prospects. Oil and Gas Journal, 1957, Nr. 5.

MAKSIMOWITSCH, G. K.: Über die Berechnung von Erdölvorräten in klüftigen Speichern. Erdölgeologie, 1958, Nr. 3 (russisch).

— Eigenschaften der Erdöl-Schichten. Gostoptechisdat, Moskau, 1955 (russisch).

MOORE, T. V.: Production technology and recoverable oil reserves. Calif. Oil World, 1956, 49, No. 6.

NELSON, W. L.: Estimating Gas Reserves. Oil and Gas Journ., 1947, vol. 45, No. 44.

ORKIN, K. G. & P. K. KUTSCHINSKIJ: Die Physik der Erdölschicht. Gostoptechisdat, Moskau, 1955 (russisch).

PIRSON, S. J.: Evaluation of material balance equations for calculating original residual oil reservoir in place. Oil Weekly, 1944, vol. 113, No. 5.

— Mathematical Methods of Decline Curve Extrapolation and Reserve Calculation. Oil Weekly, 1946, vol. 123, No. 2.

RUSSEL, W. L.: Principles of Petroleum Geology. New York, Toronto, London, 1951.

SCHILTHUIS, K. J.: Reservoir energy and oil production data used in estimating reserves. Oil and Gas Journ., 1935, 17/X.

SHDANOW, M. A.: Methoden der Berechnung von Lagerstättenvorräten an Erdöl und Erdgas. Gosgeolisdat, Moskau, 1952 (russisch).

— Methoden der Einschätzung perspektivischer Vorräte an Erdöl und Erdgas. Gosinti, Moskau, 1959 (russisch).

SHDANOW, M. A., W. R. LISUNOW, A. W. WELITSCHKO & F. A. GRISCHIN: Die Berechnung von Erdöl- und Erdgasvorräten. Gostoptechisdat, Moskau, 1959 (russisch).

SMIRNOW, W. I.: Die Vorratsberechnung mineralischer Rohstoffe. Gosgeolisdat, Moskau, 1950 (russisch).

STEARNS, G. M.: Calculation of Gas Reserves. Oil and Gas Journ., 1942, vol. 40, No. 51.

TROFIMUK, A. A.: Zur Frage der Einschätzung der Aufnahmefähigkeit klüftiger Erdölspeicher. Neftjanoje chosajstwo, 1955, No. 7 (russisch).

WOODS, R. W. & M. MUSKAT: An Analysis of material balance calculations. Petr. Techn. J. T. P., 1945, S. 1–16.

Kolibri 360 GmbH
Ferdinand-Jühlke-Straße 7
99095 Erfurt, Deutschland
produktsicherheit@kolibri360.de

# Stichwortverzeichnis

(Die Zahlen neben den Stichwörtern verweisen auf die Seitenzahlen)